이 책은 2022년 대한민국 교육부와 한국연구재단의 지원을 받아 수행된 연구 저술입니다. NRF-2022S1A5B5A16050328. 대한민국 교육부와 한국연구재단에 고맙습니다.

엔트로피

학아재 모노그라프 | 001

엔트로피

김명석 지음

머리말

이 책의 목적은 엔트로피 개념을 해명하는 것이다. 이 책을 쓰는 데 특별히 신경 쓴 부분은 두 가지다. 하나는 카르노의 연구로부터 클라우지우스의 엔트로피 개념이 형성되는 과정을 해설하는 일이다. 다른 하나는 뭇알갱이계에서 정의된 볼츠만 엔트로피와 물리계들의 앙상블에서 정의된 깁스 엔트로피 사이의 차이점을 이해하고 둘을 연결하는 일이다. 이 주제를 더 자세하고 엄밀하게 다루려는 이들에게 이 책이 작은 디딤돌이 되길 빈다.

이 책의 연구는 엔트로피와 정보의 관계를 해명하는 일의 첫걸음이다. 엔트로피는 객관 물리량이기에 이는 우리의 인식과 어느 정도 무관하다. 다른 한편 엔트로피는 물리 속성의 속성이기에 이 안에 물리계의 속성을 추론하는 정보가 담겼다. 엔트로피와 정보의 관계를 제대로 드러내려면 확률 개념과 정보 개념을 별도로 해명해야 한다. 두 개념의 연구가 아직 무르익지 않았기에 이 책에서는 엔트로피와 정보의 관계를 본격 주제로 삼지는 않았다.

나는 엔트로피와 정보를 너무 섣불리 연결하려는 요즘 분위기를 경계한다. 좁게 정의된 '정보' 개념으로 자연과학자와 공학자들이 정보 담론을 독점하는 일은 바람직하지 않다. 또한 인문사회과학자들이 정보의 공학 개념이나 물리 개념에 짓눌려 정보 현상을 충분히 해명하지 못하는 일도 바람직하지 않다. 두 바람직하지 못한 일을 바로잡으려면 무엇보다 인문사회과학자 스스로가 엔트로피를 제대로 이해해야 한다.

이 책은 애초에 주로 인문사회과학도와 인문사회과학자가 읽도록 쓰였다. 이들이 엔트로피를 이해하는 데 필요한 물리 개념과 수식을 되도록 쉽게 설명하려 애썼다. 이 책에 나오는 개념 역사와 설명은 열역학과 통계역학을 입문하는 자연과학도와 공학도에게도 도움이 될 것이다. 이 책이 나오는 데 많은 이의 도움이 있었다. 몇 가지 물음에 답해준 김재영 박사와 윤상재 박사, 그림을 그려준 안미경 작가, 글을 미리 읽어준 학아재의 유영훈 연구원과 김동해 연구원께 감사드린다. 이 책을 터박이 낱말로 물리학을 하시는 최무영 교수께 바친다.

목차

머리말 04

01장 압력
- 0101 알갱이 10
- 0102 움직임 15
- 0103 힘 22
- 0104 부피 27
- 0105 기체의 압력 31
- 0106 보일-마리오트 법칙 39

02장 온도
- 0201 열 접촉 46
- 0202 열평형 52
- 0203 온도계 58
- 0204 한결같음 69
- 0205 이상기체 80
- 0206 이상기체 방정식 89

03장 열
- 0301 일 104
- 0302 열 108
- 0303 열소 114
- 0304 열기관 122
- 0305 카르노 순환 132
- 0306 클라페롱 그래프 139
- 0307 열의 일당량 151
- 0308 열역학 제1법칙 158

04장　열 엔트로피

0401	열역학 제2법칙	170
0402	냉기관	176
0403	카르노 정리	185
0404	절대온도	190
0405	온도 간격	198
0406	클라우지우스 부등식	207
0407	가역 과정	214
0408	열 엔트로피	221
0409	카르노 기관의 엔트로피	229
0410	평형의 조건	233
0411	자유에너지	247

05장　통계 엔트로피

0501	기체의 운동이론	258
0502	볼츠만 엔트로피	270
0503	깁스 엔트로피	288
0504	바른틀 앙상블	298

06장　엔트로피 무물보

Q01	알갱이들은 늘 넓게 퍼지고 늘 섞이는가?	312
Q02	열은 더 뜨거운 곳으로 흐를 수 있는가?	314
Q03	엔트로피 법칙은 엄밀 법칙인가?	318
Q04	엔트로피는 온도보다 더 바탕 개념인가?	322
Q05	엔트로피는 무질서도인가?	325
Q06	엔트로피는 시간 흐름을 낳는가?	327
Q07	엔트로피는 왜 정보와 관련되는가?	329
Q08	엔트로피는 우리 앎에 따라 달라지는가?	332

참고문헌　　　336

01장　　　　　　　　　　　　　　　　　　압력

이 책의 목적은 엔트로피 개념을 해명하는 것이다. 이를 이룩하려고 이 개념이 어떤 과정을 거쳐 생겨났는지 살펴보려 한다. 엔트로피는 물리계의 거시 상태를 표현하는 물리량이다. 거시 상태를 표현하는 물리량들 가운데 부피, 압력, 온도 따위의 개념들을 먼저 이해하는 것이 낫겠다. 제01장에서는 부피와 압력의 관계를 이야기하고, 제02장에서는 이 관계를 써서 온도를 재었던 역사를 간추린다. 제03장에서 일, 열, 에너지를 다룬 뒤 마침내 제04장에서 엔트로피를 다룬다. 물리계의 거시 상태를 추적함으로써 물리 세계를 이해하려는 우리의 첫 걸음은 부피와 압력의 관계를 알게 된 일이었다. 이것이 제01장에서 하려는 이야기다.

0101. 알갱이

자연 세계는 지금 무슨 모습을 지니며 앞으로 어떻게 움직일까? 이를 알고 싶어 우리는 특정 물리 사물에 관심을 둔다. 우리가 특별히 관심을 두는 물리 사물을 "물리계"라 한다. 물리계는 전체 자연 세계일 수 있고 그것의 일부일 수 있다. 조그만 공간 안에서만 노니는 한 알갱이를 생각하겠다.

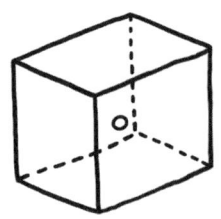

'조그만 공간'을 정육면체 상자로 그렸다. 우리는 이 상자의 크기를 더 크게 키움으로써 알갱이가 더 멀리 움직이도록 내버려 둘 수 있다.

우리에게 "공간"과 "알갱이"^{입자}는 매우 낯익은 낱말이다. 하지만 이 낱말들을 써서 물리계를 그리는 일은 손쉽게 얻어진 일이 아니다. 오늘날 우리는 공간을 대체로 빈터로 여긴다. 빈터는 아무것도 없지만 알갱이가 그곳으로 오갈 수 있는 빈자리다. 우리는 자갈, 모래알, 구슬 같은 큰 덩

어리로 된 물체를 잘 알아본다. 이는 큰 알갱이다. 큰 알갱이는 아마도 더 작은 알갱이로 이뤄졌다. 여기서 몇 가지 물음이 있다. 한 알갱이는 언제나 더 작은 알갱이로 나눌 수 있는가? 대부분 학자는 그렇게 생각한다. 그렇게 생각하지 않는 이들은 "원자" 개념을 만들었다. "원자"는 '더 잘게 쪼갤 수 없는 알갱이'를 뜻한다. "원자"는 터박이말로 "못나눔알"로 옮길 수 있다. '원자주의'는 더 잘게 쪼갤 수 없는 알갱이가 있다는 견해인데 원자주의에서 원자는 더 잘게 쪼갤 수 없는 알갱이다.

프랑스 화학자 앙투안 라부아지에[1743-1794]는 물리 세계가 33가지 원소로 이뤄졌다고 주장했다. 여기서 "원소"는 고대 그리스 때부터 '물질세계를 이루는 바탕 물질'을 부르는 이름이었다. 나아가 영국 물리학자 존 돌턴[1766-1844]은 이들 원소가 각기 다른 원자로 이뤄졌다고 생각했다. 그의 이 주장 덕분에 근대 원자이론이 시작되었다. 하지만 그의 원자는 영국 물리학자 조지프 존 톰슨[1856-1940]의 음극선 연구 이후에 차츰 밝혀졌듯이 전자, 양성자, 중성자 따위로 이뤄졌다. 결국 오늘날 원자이론에서 원자는 더 잘게 쪼갤 수 있는 알갱이며 이것은 말뜻 그대로의 '원자'는 아니다. 우리는 이제부터 낱말 "원자"가 '원자주의의 원자'를 뜻하는지

'원자이론의 원자'를 뜻하는지 잘 가려 써야 한다. 우리는 '원자주의의 원자'가 참말로 있는지 없는지 모른다. 우리는 다만 '원자이론의 원자'가 있음을 일단 받아들이겠다. 특별한 말이 없으면 우리에게 낱말 "원자"는 '원자이론의 원자'를 뜻한다.

원자들이 하나로 단단히 묶인 알갱이를 "분자"라 한다. 낱말 "분자"를 이렇게 쓴 이는 이탈리아 물리학자 아메데오 아보가드로[1776-1856]가 처음인 것 같다. 우리가 여태 겪은 수소 원소의 성질은 수소 원자의 성질이라기보다 대체로 수소 분자의 성질이다. 수소 분자는 수소 원자 둘로 이뤄졌으며 물 분자는 수소 원자 하나와 산소 원자 둘로 이뤄졌다. 전자, 양성자, 중성자뿐만 아니라 원자와 분자도 알갱이며 여러 분자가 모인 것도 알갱이다. 오늘날 우리는 아무 거리낌 없이 수소 기체를 아주 많은 수소 분자 알갱이들이 빈터에서 노니는 물리계로 그린다.

여기서 알갱이 이야기를 이렇게 길게 하는 까닭이 있다. 탈레스 이후 20세기에 이르기까지 대부분 철학자와 과학자는 물리계를 어떻게 그려야 할지 거의 합의하지 못했다. 물리계를 공간 안에서 노니는 알갱이들의 모임으로 거리낌 없이 그리는 일은 20세기 이후의 일이다. 물론 20세기 이전

과학자들의 피와 땀이 없었다면 20세기의 성과도 없었다. 이 점에서 물리계를 '빈터에서 노니는 알갱이들의 모임'으로 그리지 않았던 수많은 사람을 오늘날 우리가 조롱하는 일은 오히려 매우 어리석다. 나아가 물리계를 '빈터에서 노니는 알갱이들의 모임'으로 그리는 일은 사실에도 맞지 않는다.

파르메니데스, 엠페도클레스, 플라톤, 아리스토텔레스, 데카르트, 라이프니츠 등 대부분 철학자는 '빈터' 자체를 받아들이지 않는다. '빈터'로서 공간 개념과 그 빈터에 놓인 딱딱한 알갱이 개념은 엄청난 수수께끼를 품은 야릇한 개념이다. 만일 한 알갱이의 바깥을 말 그대로 빈터로 여기면 알갱이 안과 알갱이 바깥의 밀도 변화에 엄청난 불연속이 생긴다. 라이프니츠[1646-1716]는 알갱이 안과 알갱이 바깥 사이의 갑작스러운 밀도 차이를 이해할 수 없다고 생각했다. 알갱이 안팎에서 밀도는 부드러운 곡선 그래프처럼 차츰 바뀌어야 한다. 여기서 '마당' 개념이 비롯되었다.

오늘날 물리학에서는 공간을 말 그대로 '텅 비어있는 터'로 여기지 않고 무엇으로 가득 찬 '마당'으로 여긴다. 다만 아주 여린 마당이 있고 아주 센 마당이 있다. 마당은 물처럼 빈틈없이 자리를 채우며 물처럼 출렁인다. 이 '마당' 개념에 따르면 알갱이 안은 매우 센 마당이고 알갱이 바깥은 아주 여린 마당이다. 알갱이 안팎의 마당 세기는 다르겠지만 안팎의 경계에서 그 세기가 계단처럼 껑충 0으로 떨어지지는 않아야 한다. 그 세기가 급격하게 떨어지되 부드럽게 0에 가깝게 미끄러지듯이 떨어진다.

우리는 빈터를 아주 여린 마당으로 여기고 알갱이를 매우 센 마당으로 여김으로써 "빈터"와 "알갱이" 안에 담긴 수수께끼를 어느 정도 없앨 수 있다. 이 점에서 '빈터에서 노니는 알갱이' 그림은 실제 물리계를 제대로 그린 그림이 아니라 실제 물리계를 이해하기 쉽도록 그나마 비슷하게 그린 그림에 지나지 않는다. 물론 우리는 되도록 이야기를 처음에는 쉽게 하고 싶다. 이 때문에 알갱이가 마당에서 노닐 때 아무런 방해를 받지 않는다고 가정한다. 이것은 공간을 거기에 아무것도 없는 빈터나 진공으로 여기겠다는 말이다. 물론 실제로는 알갱이가 움직일 때 아주 약간 방해를 받기 마련이다.

0102. 움직임

데카르트[1596-1650]에 따르면 물리계를 이루는 물체는, 그것이 알갱이든 알갱이의 모임이든, 깊이 너비 높이를 갖는다. 깊이, 너비, 높이는 세 개의 길이로 나타낼 수 있다. 데카르트는 이 세 길이를 한꺼번에 나타내려고 X축, Y축, Z축으로 이뤄진 좌표계를 만든다.

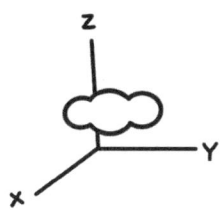

물체를 이 좌표계 안에 그리면 그 물체가 어디부터 어디까지 공간에서 자리를 채우는지 잘 나타낼 수 있다.

한 알갱이의 모습과 움직임을 나타낼 때도 데카르트 좌표계는 큰 도움이 된다.

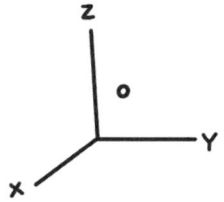

데카르트는, 알갱이든 알갱이의 모임이든, 물체를 이 좌표계 안에 그려 탐구해야 한다고 주장했다. 그에 따르면 오직 이

방법만이 자연과학을 튼튼하게 세우는 길이다.

우리는 '길이'나 '위치'를 손쉽게 잴 수 있다고 가정한다. 길이 개념을 또렷이 이해하려면 20세기 아인슈타인의 상대성이론을 또렷이 이해해야 한다. 물론 아인슈타인조차도 처음에는 길이 개념을 또렷이 이해하지 못한 채 상대성이론을 얻었다. 마찬가지로 지금 우리가 가진 흐릿한 길이 개념만으로도 물리학 개념을 넉넉히 따라갈 수 있다. 우리는 흐릿한 길이 개념을 사물에 적용하여 막대자나 줄자로 사물의 길이를 잰다. 막대자는 그 자체로 이미 길이를 갖는다.

한 사물의 길이를 재려면 길이를 이미 아는 자와 그 사물을 견줘야 한다. 우리는 자의 길이를 어떻게 알게 되었는가?

먼저 한 막대를 구해 그 막대의 길이를 "1미터"로 정의한다. 이제 이 막대는 '1미터의 표준'이다. 이 표준 막대의 처음과 끝 사이에 똑같은 간격으로 99개 눈금을 넣는다. 한 눈금과 다음 눈금 사이 간격은 정의상 '1센티미터'다. 1센티미터를 10등분하여 그 사이에 9개 작은 눈금을 넣는데 한 작은 눈금과 다음 작은 눈금 사이 간격은 정의상 '1밀리미터'다. "센티"는 '1/100'을 뜻하고 "밀리"는 '1/1000'을 뜻한다. 이와 같은 방식으로 눈금을 새긴 미터 표준 막대는 이제 이미 그 길이를 아는 막대자로 쓸 수 있다. 이 막대자를 써서 자유자재로 다른 사물의 길이를 잰다. 만일 우리의 어렴풋한 이 길이 개념에 말썽이 생기면 이 새로운 경험에 비추어 우리 개념을 다시 가다듬는다. 이와 같은 방식으로 막대자를 만들고 길이를 재는 일은 측정장치를 만들고 이 장치로 사물의 물리량을 측정하는 일의 바탕이 거의 담겨 있다. 길이 측정은 아마도 다른 모든 측정의 바탕이다.

때때로 알갱이는 공간에서 움직인다. '움직임'은 위치가 시간에 따라 바뀌는 사건이다. '시간'이 무엇인지 이해하고 시간 간격을 재는 일은 '공간'이 무엇인지 이해하고 공간 간격을 재는 일보다 훨씬 어렵다. 우리 눈이 어렴풋이 공간 간격을 잴 수 있듯이 우리 기억은 시간 간격을 어렴풋이 잴 수 있다. 공간 간격을 더 또렷이 재려면 자가 있어야 하듯이 시간 간격을 더 또렷이 재려면 시계가 있어야 한다. 막대자는 일정한 길이를 가진 물체다. 마찬가지로 시계는 시간 간격에 따라 움직이는 물체다. 우리 손목을 시계로 쓸 수 있는 까닭은 손목이 거의 일정 시간 간격에 따라 맥박 운동을 하기 때문이다.

시간을 또렷이 이해하는 일도 상대성이론의 힘을 빌려야 한다. 아인슈타인은 시간 개념을 또렷이 이해하지 못한 채 상대성이론에 이르렀다. 마찬가지로 우리도 흐릿한 시간 개념을 써서 자연 세계를 차츰 이해해야 한다. 움직임 없이도 시간을 잴 수 있는지 없는지는 말하기 어렵다. 하지만 우리 생각에 시간 개념과 움직임 개념은 다른 개념이다. 시간이 무엇인지 더 깊게 묻는 일은 잠시 미루겠다. 다만 시간 간격을 어느 정도 또렷이 재는 시계가 이미 우리에게 있다고 가정한다. 일정 길이의 실에 추를 매달아 흔들어 추가 갔다가 되돌아오는 시간 간격을 "1초"로 정의해도 된다. 시간 간격이 매우 일정한 다른 사건이 있다면 이를 바탕으로 더 정확한 시계를 만들 수 있다.

'속도'는 시간에 따라 위치가 바뀌는 정도다. 속도는 크기와 방향을 갖는데 '속력'은 속도의 크기다. 알갱이가 공간에 멈춰 있다면 알갱이의 속력은 0이다. 알갱이가 1초마다 1미터씩 움직인다면 이때의 속력은 '초속 1미터'다. '초속 1미터'를 짧게 "1m/s"로 쓰는데 "1m/s"는 '시간 1s마다 거리 1m만큼 움직임'을 뜻한다. 이 단위에서 '/s'는 '매초마다'나 '초당'을 뜻한다. 알갱이가 1초마다 2미터씩 움직인다면 이때의 속력은 '초속 2미터' 곧 '2m/s'다. '등속도 운동'은 움직이는 방향과 속력이 바뀌지 않는 움직임이다. 알갱이가 직선 방향으로 늘 초속 10미터로 움직인다면 그 알갱이는 등속도 운동을 하는 셈이다. 알갱이를 건드리지 않고 가만두면 알갱이는 무슨 운동을 할까?

알갱이를 건드리지 않고 가만두었을 때 생기는 운동을 "관성 운동"이라 한다. 우리 생각에 관성 운동은 움직임의 방향과 속력이 바뀌지 않는 운동이다. 다시 말해 관성 운동은 등속도 운동 곧 등속직선운동이다. 이 생각은 얼핏 보면 매우 당연하기에 우리는 이 생각을 누구든 매우 쉽게 떠올릴 수 있으리라 착각한다. 하지만 이 생각은 갈릴레오 갈릴레이조차 떠올리기 어려웠다. 그는 움직이는 알갱이를 건드리지 않고 가만히 두면 저절로 등속 원운동을 하리라 믿었다. '등속 원운동'은 속력이 바뀌지 않지만 움직임의 방향이 일정하게 바뀌는 운동이다.

많은 이가 관성 운동이 등속직선운동임을 알아차린 첫 사람이 갈릴레이라 착각하지만 사실은 르네 데카르트다. 공간에 한 알갱이만 있고 그 알갱이를 가만히 두면 그 알갱이의 움직임은 둘 가운데 하나다. 그 알갱이가 처음에 멈춰 있다면 그 알갱이는 줄곧 멈춰 있다. 그 알갱이가 처음에 움직인다면 그 알갱이는 똑같은 방향 똑같은 속력으로 줄곧 움직인다. 이는 '관성의 법칙' 또는 '뉴턴의 첫째 운동법칙'이다. 관성의 법칙은 결코 틀릴 수 없는 근본 법칙처럼 보인다. 하지만 이 법칙 안에는 현대 물리학이 받아들이기 어려운 가정이 담겼다.

만일 공간이 무한히 펼쳐졌다면 알갱이는 관성의 법칙에 따라 무한히 멀리 움직인다. 하지만 현대 물리학에 따르면 공간은 무한히 펼쳐지지 않았다. 우리는 무한히 펼쳐지지 않은 공간을 생각해야 한다. 한편 만일 자연 세계에 오직 한 알갱이만 있다면 그 알갱이가 놓인 공간을 생각하는 일 자체가 잘못된 생각일 수 있다. 자연 세계에 오직 한 알갱이만 있다면 그 알갱이가 움직일 빈터 따위는 어쩌면 없을 것이다. 그 알갱이가 움직일 빈터가 아예 없다면 그 알갱이는 애초에 움직일 수조차 없다. 이 경우에 관성의 법칙은 저절로 성립한다.

한편 공간을 테두리짓는 무한히 높고 무한히 튼튼한 장벽이 있다면 알갱이는 그 장벽을 만나기 전까지 등속직선운동을 할까? 양자역학에 따르면 그 알갱이가 장벽 바로 옆에 있을 가능성이 거의 0으로 떨어진다. 이것은 양자역학에서 관성의 법칙이 약간 수정되어야 함을 뜻한다. "한 알갱이를 가만둔다"는 말 자체가 쉬운 말이 아니다. 하지만 우리는 관성의 법칙이 성립한다고 가정한다.

당분간 우리는 상대성이론과 양자역학을 모른 채 알갱이의 움직임을 이야기해야 한다. 우리는 자연 세계를 이해하려고 낱말 "알갱이", "공간", "시간", "관성"을 줄곧 쓸 것이다. 하지만 언젠가 우리가 자연을 매우 또렷이 이해하려면 이 낱말들의 뜻을 매우 크게 바꾸어야 한다. 자연 세계는 우리가 처음에 생각하는 대로 움직이지 않는다. 우리가 지금 가진 개념들이 자연 세계를 이해하는 데 매우 알맞다고 착각하고 마음을 놓아서는 안 된다. 그것은 게으른 마음이고 어린 생각이다.

뉴턴에 따르면 공간은 에테르로 채워졌다. 우리는 이런 공간 개념을 갖지 않아도 된다. 아무것도 없는 공간에서 등속직선운동을 하며 움직이는 알갱이 그림이 오히려 오늘날 뉴턴 물리학을 이해하는 바탕이다. 물론 이 그림은 자연 세계를 다만 어렴풋하게 그려줄 뿐이다. 우리는 이 어렴풋한 그림마저도 엄청난 생각의 진보 끝에 얻었다. 왜 옛날 사람은 이런 쉬운 그림을 떠올리지 못했을까 하고 그를 타박하지 말길 바란다. 그를 타박하는 일은 스스로 새로운 생각을 떠올려 본 적이 없는 게으른 사람이나 하는 짓이다.

0103. 힘

알갱이를 가만두지 않으면 무슨 일이 벌어지는가? 멈춰 있던 것이 움직이곤 한다. 움직이던 것이 더 느리게 또는 더 빠르게 움직이고 아예 멈추기도 한다. 이쪽으로 움직이던 것이 방향을 바꾸어 저쪽으로 움직인다. 이 모든 것은 속도가 바뀌는 일이다. 따라서 알갱이를 가만두지 않으면 알갱이의 속도가 바뀐다. 알갱이의 속도가 시간에 따라 바뀔 수 있기에 '가속도' 개념을 가져오는 것이 좋겠다. 물리량 '가속도'는 시간에 따라 속도가 바뀌는 정도를 나타낸다. 처음에 멈춰 있던 한 알갱이가 '1초당 초속 1미터만큼의 가속도'를 갖는다면 1초 흐른 뒤에 초속 1미터 속도가 되고, 그다음 1초가 흐른 뒤에 초속 2미터 속도가 된다. '1초당 초속 1미터만큼의 가속도'를 짧게 "$1m/s^2$"으로 쓴다. '$1m/s^2$'은 '시간 1s마다 속도가 1m/s만큼 늘어남'을 뜻한다. 단위 "m/s^2"은 $\frac{m/s}{s}$를 달리 쓴 것이다.

가속도는 크기와 방향을 갖는다. 알갱이를 가만두지 않으면 대체로 알갱이에 가속도가 생긴다. 한 물체를 가만두지 않고 건드리는 일을 "힘을 준다"고 하는데 힘은 크기와 방향을 갖는다. 알갱이에 힘을 주는 방향으로 알갱이는 속도가 바뀌고 그 방향으로 가속도가 생긴다. 또한 크게 힘을 주면 알갱이는 크게 속도가 바뀐다. 이 때문에 우리는 "가속도는 힘에 비례한다"고 말할 수 있다. 가속도를 a로 쓰고 힘을 F로 쓰면 a는 F에 비례한다. 인과 관계를 떠나 순전히 관계만 놓고 보면 F는 a에 비례한다.

알갱이의 질량이 클수록 그 알갱이의 속도를 바꾸는 일은 더 어렵다. 알갱이의 질량이 작을수록 그 알갱이의 속도를 바꾸는 일은 더 쉽다. 이로부터 질량이 속도를 바꾸지 않으려는 물체의 속성임을 알 수 있다. 이 때문에 질량을 때때로 "관성 질량"이라 한다. 우리는 "관성 질량"을 "질량"과 똑같은 말로 여기겠다. 질량 또는 관성 질량은 물체가 안 움직이려는 정도를 나타낸다. 낱말 "관성"은 라틴말 "이네르티아"를 옮긴 말이다. 본디 뜻은 '솜씨 없음' '재주 없음' '서툶' '모름'인데 나중에 '게으름' '굼뜸'도 뜻하게 되었다.

똑같은 힘을 주더라도 질량이 클수록 속도는 작게 바뀌고 가속도는 작다. 똑같은 힘을 주더라도 질량이 작을수록 속도는 크게 바뀌고 가속도는 크다. 따라서 알갱이에 힘이 미칠 때 알갱이의 질량이 작을수록 알갱이의 가속도는 크고 알갱이의 질량이 클수록 알갱이의 가속도는 작다. 짧게 말해 알갱이의 가속도는 알갱이의 질량에 반비례한다. 알갱이의 질량을 m으로 쓰면 a는 m에 반비례한다. 이미 말했듯이 알갱이의 가속도는 알갱이에 미치는 힘에 비례한다. 이 두 직관을 모아 뉴턴의 둘째 운동법칙을 얻는다. 알갱이의 가속도는 알갱이에 미치는 힘에 비례하고 알갱이의 질량에 반비례한다. 수식으로 나타내면 $a = F/m$ 다. 비례하는 양 F는 분자에 오고 반비례하는 양 m은 분모에 온다. 'F/m'에서 분모 m의 값이 클수록 분수의 특성 때문에 분수 'F/m'는 작아진다. 다시 말해 'F/m'은 m에 반비례한다. 바로 이것이 반비례하는 양 m이 분모에 오는 까닭이다. "$a = F/m$"는 "$F = ma$"로 달리 쓸 수 있다.

　뉴턴의 둘째 법칙 안에는 질량을 측정할 길이 담겼다. 질량이 다른 두 물체에 똑같은 힘을 준다면 이들은 각기 다른 가속도를 얻는다. 만일 힘 F가 고정되었다면 "$F = ma$" 덕분에 질량 m과 가속도 a를 곱한 값도 고정된다. 따라서 만일 두 물체에 똑같은 힘을 준다면 이들의 질량과 가속도를 각각 곱한 양은 똑같다. 주어진 물체 ㄱ의 질량을 재는 길은 다음과 같다. 먼저 한 물체 o를 표준물체로 삼고 이것의 질량을 '1그램'으로 정의한다. 물체 ㄱ과 표준물체 o에 똑같은 힘 F를 주면 물체 o는 가속도 a_o를 얻고 물체 ㄱ은 가속도 a를 얻는다. 뉴턴의 둘째 운동법칙에 따르면 물체의 가속도는 그 물체의 질량에 반비례한다. 따라서 두 물체의 가속도 비율 a/a_o는 두 물체의 질량 비율 m/m_o의 역수다. 여기서 m은 물체 ㄱ의 질량이고 m_o는 표준물체 o의 질량이다. 곧 두 물체의 질량 비율 m/m_o은 a_o/a다. 표준물체의 질량 m_o가 '1그램'으로 정의되었기에 물체 ㄱ의 질량 m은 a_o/a그램이다. 이렇게 우리는 표준물체 o와 물체 ㄱ에 똑같은 힘을 준 뒤 두 물체의 가속도 비율 a_o/a를 측정함으로써 물체 ㄱ의 질량을 잴 수 있다. 하지만 이 같은 방식으로 질량을 재려면 두 물체에 똑같은 힘을 주는 방법을 먼저 찾아야 한다.

처음부터 '질량'을 너무 어렵게 이해하지 않는 것이 좋겠다. 사람들은 오랫동안 양팔 저울로 두 물체의 질량을 견주어왔다. 저울의 두 팔에 물체 ㄱ과 물체 ㄴ을 올려놓았는데 팔이 한쪽으로 기울지 않는다면 두 물체의 질량은 같다. 물체 ㄱ 쪽 팔이 아래로 기운다면 물체 ㄱ의 질량이 더 크고 물체 ㄴ 쪽 팔이 아래로 기운다면 물체 ㄴ의 질량이 더 크다. 이렇게 함으로써 물체의 질량을 크기순으로 차례지을 수 있다. 물론 여전히 물체의 질량 자체가 무엇인지 이해하는 일은 몹시 어렵다. 1795년 프랑스에서 표준 도량형을 만들 때 길이 측정에 바탕을 두고 질량의 단위를 정의했다. '1그램'은 물의 밀도가 최대일 때 가로, 세로, 높이 1센티미터의 그릇에 담긴 물의 질량이다. 이처럼 질량 측정도 처음에는 길이 측정에 바탕을 두었다.

이렇게 우리는 길이를 바탕으로 '1그램'이나 '1킬로그램'을 정의할 수 있다. 1킬로그램을 정의한 다음 양팔 저울을 써서 다른 물체의 질량을 잴 수 있다. 그다음 질량 측정과 가속도 측정을 바탕으로 힘을 측정한다. 힘의 단위는 '뉴턴'인데 '1뉴턴'은 '1킬로그램 물체에 1초당 초속 1미터만큼의 가속도를 생기게 하는 힘'이다. 우리가 자주 쓰는 낱말 "무게"는 '지구가 당기는 힘'을 뜻한다. 질량 있는 물체는 지구 중심 쪽으로 힘을 받는다. 이 힘 때문에 물체는 아래로 떨어지며 아래로 가속된다. 이때의 가속도는 지표면이나 해수면 근처에서 '$9.8 m/s^2$' 정도다. 이 때문에 질량 1킬로그램의 무게는 지표면이나 해수면 근처에서 약 9.8뉴턴이다.

0104. 부피

'뭇알갱이계'다체계는 여러 알갱이로 이뤄진 물리계다. '기체', '액체', '고체'는 모두 뭇알갱이계. 이것들을 뭇알갱이계로 여기는 일은 오늘날에 낯익은 일이지만 20세기 이전에는 그렇지 않았다. 특히 기체를 여러 알갱이가 빈터에서 이리저리 부딪히는 모습으로 그리는 일은 20세기 이전에는 매우 낯설었다. 스위스 수학자 다니엘 베르누이[1700-1782]는 1738년 기체의 움직임을 설명하려고 기체를 뭇알갱이계로 그렸다. 가장 작은 뭇알갱이계는 세 알갱이로 이뤄진 물리계다. 두 알갱이로 이뤄진 물리계는 뭇알갱이계로 여기지 않는다. 우리가 일상에서 만나는 뭇알갱이계는 엄청나게 많은 알갱이로 이뤄졌다. 그 많은 수를 단위 '몰'로 센다. 1몰은 알갱이 개수가 6×10^{23} 정도다. 여기서 10^{23}은 1 뒤에 0이 23개 붙은 수인데 1000억과 1조를 곱한 값이다. 수 6×10^{23}을 "아보가드로수"라 한다. 아보가드로수는 정확히 '6,022해1,407경6,000조'로 정의된다.

부피, 압력, 온도는 뭇알갱이계를 기술하는 물리량들이다. 온도는 매우 이해하기 어려운 물리량이기에 부피와 압력부터 먼저 다루려 한다. '길이' 개념 덕분에 우리는 물리계의 부피가 무엇인지 어렵지 않게 이해한다. 특히 액체와 고체의 부피는 쉽게 잴 수 있다. 액체의 부피를 잴 때 눈금실린더를 쓴다. 이를 달리 "메스실린더" 또는 "액량계"라 한다.

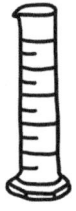

눈금실린더에도 길이를 재는 눈금이 새겨 있다. 부피 측정을 길이 측정으로 바꿀 수 있는 까닭은 부피 자체가 높이 길이, 너비 길이, 깊이 길이의 곱으로 정의되기 때문이다. 부피를 나타내는 단위 자체가 '세제곱미터'다.

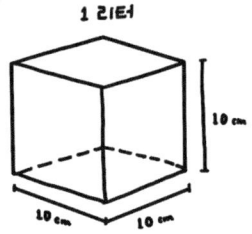

일상에서 많이 쓰는 '1씨씨'는 '1세제곱센티미터'인데 높이 1센티미터, 너비 1센티미터, 깊이 1센티미터만큼의 부피다. '1

리터'는 높이 10센티미터, 너비 10센티미터, 깊이 10센티미터만큼의 부피다. 한편 물 1씨씨의 질량은 대략 1그램이고, 물 1리터의 질량은 대략 1킬로그램이고, 물 1세제곱미터의 질량은 대략 1톤이다.

고체 모양이 울퉁불퉁하다면 액체 안에 이 고체를 담금으로써 고체의 부피를 잴 수 있다. 옛날에 '홉', '되', '말' 같은 표준화된 그릇을 써서 부피를 재었다.

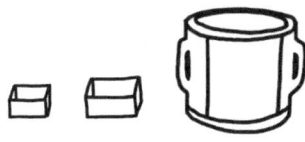

1말은 10되고, 1되는 10홉이다. '되' 그릇에 액체나 고체가 가득 차면 그때의 부피는 1되다. 오늘날 1되는 1.8리터 정도다. 알갱이들로 이뤄진 곡물의 부피를 잴 때 처음에는 알갱이와 알갱이 사이에 빈틈은 곡물의 부피에 포함되지 않았다. 세종 때 1되는 '기장 낱알 120,000개'로 정의된다. 먼저 기장 낱알 120,000개가 들어갈 만큼 크기로 '되 그릇'을 만든다. 하지만 이 되 그릇에 밤을 가득 담으면 그 밤의 부피는 1되일까? 아니면 1되보다 적을까? 이처럼 물체를 알갱이의 모임으로 이해할 때 물체의 부피를 어떻게 정의할지가 헷갈린다.

'부피', '압력', '온도' 따위 개념을 처음 다듬을 때는 고체, 액체, 기체가 무엇과 같은지 알 길이 없었다. 오늘날에는 고체, 액체, 기체를 모두 공간에서 움직이는 알갱이들로 그린다. 하지만 예전에는 기체와 액체를 마치 고체처럼 공간을 가득 채운 물리계로 여겼다. 다만 기체와 액체는, 고체와 달리, 흐르는 물체 곧 유체일 뿐이다. 이 때문에 기체와 액체의 부피는 보통 그것을 담은 주머니, 그릇, 병, 상자 따위의 안쪽 부피로 정의한다.

　만일 기체가 알갱이들로 이뤄졌다면 기체는 알갱이로 가득차 있는가? 아니면 알갱이와 알갱이 사이에 빈터가 있는가? 만일 알갱이와 알갱이 사이에 빈터가 있다면 왜 그 빈터의 부피까지도 기체의 부피로 여겨야 하는가? 주어진 상자 안에 기체가 가득 차 있다는 말은 그 상자가 알갱이로 가득 차 있음을 뜻하지 않는다. 다만 알갱이가 상자 모든 곳을 오간다는 말이다. 결국 기체 물리계는 공간과 알갱이들을 더한 물리계다. 물리계의 부피를 이해할 때는 그 물리계를 굳이 뭇알갱이계로 여기지 않아도 된다. 물리계를 뭇알갱이계로 여기면 물리계의 부피를 이해하기가 오히려 더 어렵다. 쉽게 이야기하려고 기체의 부피를 그 기체를 담은 그릇의 부피로 정의하겠다.

0105. 기체의 압력

엠페도클레스는 숨 또는 공기를 만물을 이루는 원소로 여겼다. 사실 공기는 원소가 아니라 복합물이며 여러 다른 '기체'로 이뤄졌다. 여기서 "기체"는 "가스"를 옮긴 말인데 벨기에 화학자 판 헬몬트[1580-1644]가 처음 만든 낱말이다. 그는 그리스말 "카오스"로부터 이 낱말을 만들었다. 어떤 이는 이 낱말이 '거품'을 뜻하는 독일말 "개슈트"에서 비롯되었다고 주장한다. 헬몬트는 우리가 마시는 공기와 다른 나쁜 공기를 알게 되었고 그것을 "야생의 가스"라 불렀다. 이것은 오늘날 우리가 "이산화탄소"라 부르는 기체다.

공기가 여러 다른 기체 원소로 이뤄졌음을 알게 되더라도 기체가 알갱이들로 이뤄졌음을 곧바로 알아채지는 못한다. 오늘날 이해에 따르면 기체는 알갱이와 알갱이 사이 간격이 큰 뭇알갱이계다. 이 이해는 기체가 쉽게 압축되는 현상을 잘 설명한다. 낱말 "압축"은 '눌러서 부피를 줄임'을 뜻하고 낱말 "압력"은 '누르는 힘'을 뜻한다. 기체에 압력을 가하면 부피가 줄어든다. 기체 바깥에서 압력을 가하면 기체는 이 외부 압력에 맞서 내부 압력을 갖는다. 내부 압력은 기체가 바깥에 미치는 힘이다. '기체의 압력'은 보통 '기체의 내부 압력'을 뜻한다. 다만 내부 압력과 외부 압력이 같아질 때까지 기체의 부피는 줄어든다.

물리량 '압력'은 '일정한 면적에 미치는 힘'으로 정의된다. 똑같은 힘을 주더라도 힘이 미치는 면적이 클수록 그 면적에 미치는 압력은 작다. 반면 그 힘이 미치는 면적이 작을수록 그 면적에 미치는 압력은 크다. 못이나 압정이 벽을 뚫을 수 있는 까닭은 똑같은 힘을 주더라도 뾰족한 데에 미치는 압력이 매우 크기 때문이다. 칼이나 가위로 단단한 물체를 자를 수 있는 까닭도 여기에 있다.

압력의 단위 '1파스칼'은 1제곱미터에 1뉴턴의 힘이 미칠 때의 압력이다. 지구 대기의 공기는 지표면 또는 해수면에 힘을 미친다. 지표면에서 대기의 평균 압력은 10만 파스칼 정도다. 더 정확한 값은 101,325파스칼이다. '1기압'은 1,013헥토파스칼인데 '1헥토파스칼'은 100파스칼이다.

갈릴레이의 제자였던 에반젤리스타 토리첼리[1608-1647]

는 대기에도 압력이 있음을 알아차렸다. 우리가 물속 깊이 들어가면 물이 우리를 누르는데 우리는 이 압력을 느낄 수 있다. 물이 깊으면 깊을수록 물이 우리 몸을 누르는 압력은 커진다. 토리첼리는 만일 우리가 지금 "무게를 갖는 공기 바다의 밑바닥"에 사는 셈이라면 공기의 압력이 지금 우리를 누르리라 추측했다. 그는 1643년 공기의 압력을 재는 방법을 알게 되었다. 먼저 그릇과 유리관에 수은을 채운다. 유리관 길이는 1미터가 넘어야 한다.

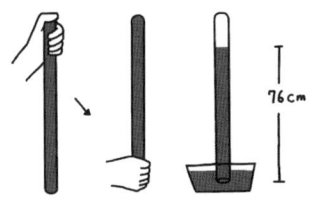

유리관의 입을 아래쪽으로 하여 그릇 안에 유리관을 담는다. 이때 유리관의 수은은 아래로 내려오다가 어느 지점에서 멈춘다. 이렇게 만들어진 유리관의 수은 기둥 높이는 76센티미터다.

처음에 토리첼리가 수은 기둥을 세운 까닭은 수은 기둥이 내려가면서 진공이 생겨난다는 점을 보여주려는 동기 때문이었다. 처음 동기가 어쨌든 수은 기둥이 내려가는 현상의 도움으로 우리는 지구 대기의 압력을 잴 수 있다. 이 현상에 따라 기압을 재는 도구를 "토리첼리 기압계"라 한다. 수은 1세제곱센티미터의 질량은 13.534그램이다. 바닥이 1제곱미터고 높이가 76센티미터인 수은 기둥의 부피는 100×100×76 곧 760,000세제곱센티미터다. 이 부피의 질량은 760,000×13.534그램이다. 이는 약 10,286킬로그램이다. 지표면이나 해수면에서 질량 1킬로그램 물체가 아래를 누르는 힘은 9.81뉴턴이다. 따라서 바닥이 1제곱미터고 높이가 76센티미터인 수은 기둥이 1제곱미터 바닥을 누르는 힘은 약 10,286×9.81 곧 100,906뉴턴이다. 따라서 이 수은 기둥이 바닥에 미치는 압력은 100,906파스칼이다. 이는 대기의 압력 101,325파스칼과 거의 비슷하다. 달리 말해 처음에 높이 세워진 수은 기둥은 내려오다가 대기의 압력과 같아지는 지점에서 멈춘다.

르네 데카르트는 기압을 잴 수 있는 이 방법을 1631년에 이미 제안했다고 한다. 하지만 그가 실제로 토리첼리에 앞서 비슷한 실험을 하거나 기압계를 만든 것 같지는 않다. 토리첼리는 수은의 기둥 높이가 어느 날은 76센티미터보다 높고 다른 날은 76센티미터보다 낮음을 알게 되었다. 이것은 그날그날 대기의 압력이 달라짐을 뜻한다. 수은 기둥이 높을수록 대기의 압력은 높고 수은 기둥이 낮을수록 대기의 압력은 낮다. 이처럼 대기 공기의 압력을 잴 때도 길이를 재어야 한다. 길이 측정은 압력 측정에서도 바탕이다. 보통 사람의 혈압은 대충 80mmHg에서 120mmHg 사이다. 여기서 단위 "1mmHg"는 수은 기둥 1밀리미터 높이의 압력인데 1기압은 760mmHg다. 사람 핏줄에서 피의 압력은 많게는 12센티미터 높이의 수은 기둥이 아래를 누르는 압력과 비슷하다.

블레즈 파스칼[1623-1662]은 '압력'과 '기압계' 개념을 더욱 또렷하게 다듬은 뒤 고도에 따라 기압이 낮아지리라 예상했다. 그는 1646년 오베뉴에 사는 처남 플로랭 페리에에게 고도에 따라 수은 기둥 높이가 달라지는지 실험해 달라고 편지했다. 페리에는 오베뉴의 높은 산 퓌드돔에 수은 기압계를 가져가 수은 기둥의 높이를 쟀다. 그는 산을 오르내리는 과정, 같이 지켜본 사람들 이름, 수은 기둥 높이를 잰 곳 따위를 하나하나 꼼꼼히 기록했다. 그는 수은 기압계를 높은 곳으로 옮기면 그곳에서 수은주 높이가 낮아진다고 보고했다. 이는 높은 곳으로 올라갈수록 대기의 압력이 낮아짐을 뜻한다. 마그데부르크의 시장 겸 물리학자 오토 폰 게리케[1602-1686]는 10미터 물기둥을 세워 놓고 늘 기압을 관측했다. 1660년 12

월 6일 기압이 떨어지는 것을 보고 폭풍이 오리라 예측했고 이는 들어맞았다. 대기의 압력 곧 대기압은 기상 변화를 예측하는 중요한 자료가 되었다.

오토 폰 게리케는 소방펌프를 개선하는 가운데 1650년 공기 펌프를 처음으로 만들었다. 공기 펌프를 써서 닫힌 그릇 안에서 공기를 빼낼 수 있는데 공기를 빼내면 그릇 안은 공기가 거의 없는 상태가 된다. 이미 그는 코페르니쿠스의 우주론을 알게 된 뒤에 우주 공간을 이루는 '진공'을 매우 신비롭게 여겼다. 폰 게리케는 아우구스티누스와 달리 공간과 시간을 객관 존재로 여겼다. 다만 그에 따르면 물질은 창조된 것이지만 시간과 공간은 창조되지 않았다. 그에게 공간 또는 진공은 하느님 비슷한 것이다. 하느님이 시간과 공간 안에 있지 않은 까닭은 시간과 공간 자체가 하느님의 모습이기 때문이다. 이 생각은 나중에 아이작 뉴턴에게 다시 나타난다. 폰 게리케는 '진공' 현상의 놀라움을 드러내려고 이름하여 "마그데부르크 반구"를 만들었다.

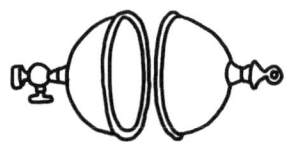

먼저 두 반구를 붙이고 틈 사이에 기름을 칠한 뒤에 펌프로 공기를 빼낸다.

힘은 크기와 방향을 갖지만 압력은 방향을 갖지 않고 크기만 갖는다. 이 때문에 한 물리계의 압력은 모든 방향으로 똑같은 크기를 갖는다. 풍선 안에 기체를 넣으면 풍선의 어느 위치에서도 그 기체의 압력은 똑같다. 손가락으로 풍선을 누르면 풍선 안 기체의 압력도 커진다. 손가락으로 누른 곳은 안쪽으로 들어가고 다른 곳은 튀어나온다. 하지만 안쪽으로 들어간 곳이든 바깥쪽으로 튀어나온 곳이든 모든 곳에서 그 기체의 압력은 똑같다. 우리가 손바닥을 펼칠 때 공기가 손바닥을 아래로 내리누르는 압력과 공기가 손등을 위로 밀어 올리는 압력은 똑같다. 그 압력의 크기는 둘 다 1기압이다. 폰 게리케는 1672년에 출판된 한 책에서 "공기는 위에서 머리를 누르는 것과 똑같이 아래에서 발바닥을 밀어 올리고 동시에 몸의 모든 부위를 모든 방향에서 누른다"고 썼다.

만일 마그데부르크 반구 안에 기체가 거의 없다면 기체의 압력은 0에 가깝다. 물론 당시에는 그 정도로 낮은 압력을 만들 기술이 없었다. 당시에는 반구 안의 기체 압력을 대략 1/25기압 정도로 낮추었으리라 본다. 한편 반구 바깥에서는 1기압의 압력이 반구 겉면을 누른다. 1기압은 약 100,000

파스칼이니 엄청난 압력이 마그데부르크 반구를 바깥에서 누르는 셈이다. 반구의 지름은 50센티미터인데 두 반구를 모은 구의 표면적은 약 0.8제곱미터다. 기압과 표면적을 곱하면 80,000뉴턴인데 이것은 몸무게 80킬로그램 사람 100명이 밧줄에 매달렸을 때 밧줄을 아래로 당기는 힘에 맞먹는다. 폰 게리케는 1654년 라티스본에서 신성로마제국의 주요 인사들이 지켜보는 가운데 마그데부르크 반구를 떼어 내는 실험을 시연했다. 처음 실험에서는 말 두 마리가 반구를 두 쪽에서 당겨도 반구를 떼놓을 수 없었다. 1657년 실험에서는 말 12마리를 들여 두 반구를 떼놓으려 했지만 떨어지지 않았다.

0106. 보일-마리오트 법칙

우리는 김이 바뀌어 물이 되고 물이 바뀌어 얼음이 되는 것을 볼 수 있다. 아주 옛날 그리스의 아낙시메네스[BCE586-526]는 만물이 공기로 이뤄졌다고 믿었다. 그에 따르면 공기가 더 부풀면 불이 되고, 공기가 더 쪼그라들면 물이 된다. 물이 힘을 받아 부피가 더 줄면 얼음, 흙, 바위, 쇠가 된다. 그가 '압력' 개념을 또렷이 알지는 못했더라도 그는 공기와 그 압력 변화로 다른 모든 사물이 생긴다고 보았다. 우리는 일상 경험을 거쳐 이미 압력과 부피의 관계를 어렴풋이 안다. 외부 압력이 높으면 부피가 줄고 외부 압력이 낮으면 부피가 늘어난다. 아낙시메네스에 따르면 똑같은 양의 공기가 부피가 늘면 더 따뜻해지고 부피가 줄면 더 차가워진다. 그는 따뜻함과 차가움까지도 공기의 밀도로 설명하려 했다. 그의 이 생각은 오늘날 기준에서 옳지 않다. 다만 공기가 따뜻해지면 부피가 늘고 공기가 차가워지면 부피가 준다.

로버트 보일[1627-1691]이 기체를 연구할 때 물리계를 알갱이들의 모임으로 이해하려는 시대 분위기가 있었다. 그는 기체를 알갱이들의 모임으로 이해한 모양이다. 하지만 그는 기체를 빈터에서 이리저리 움직이는 알갱이들의 모임이 아니라 용수철로 서로 이어진 알갱이들의 모임으로 보았다.

1644년 무렵 그는 "새로운 철학" 운동을 벌였다. 오늘날 말로 바꾸면 "신과학" 운동이다. 그는 오토 폰 게리케의 공기 펌프 실험을 안 뒤 공기의 압력을 연구하기 시작했다. 보일은 그의 조수 로버트 후크[1635-1703]의 도움으로 1659년 더 나은 공기 펌프를 만들었다. 이름하여 "공기 엔진"인데 여기서 "공기"로 옮긴 낱말은 "프뉴마"다. 이는 '나는 내쉰다'를 뜻하는 그리스 낱말 "프네오"에서 왔다. 보일의 "프뉴마"는 '바람' '숨' '공기' '혼'을 뜻한다.

    보일은 당시 학자들이 신비롭게 여겼던 '프뉴마'를 실험 대상으로 삼았다. 1661년에 출판된 『의심하는 연금술사』에서 그는 모든 물질이 움직이는 알갱이들로 이뤄졌다고 주장했다. '연금술사'를 뜻하는 영어 낱말 "케미스트"는 "알키미스트"에서 아랍말 정관사 "알"을 없애 만든 낱말이다. 이 책에서는 낱말 "케미스트리"가 처음 나오는데 이는 '케미스트가 하는 일'을 뜻한다. 이 낱말은 오늘날 동아시아에서 "화학"으로 옮긴다. 1670년 그는 오늘날 우리가 "수소"라 부르는 기체를 얻었다. 그는 실험실에서 만든 이 같은 공기들을 "인공 공기"라 불렀다.

    보일은 공기 펌프 연구를 간추려 1660년 『공기 탄성과 그 효과에 대한 새로운 물리 역학 실험』을 출판했다. 영국의 예수회 신부 프란시스 라인[1595-1675]은 이내 이 책에 담긴 견해를 비판했다. 이에 답하면서 보일은 압력과 부피가 반비례한다는 주장을 펼쳤고 1662년 이 책 개정판에 이 주장을 실었다. 부피를 V로 쓰고 압력을 P로 쓰면 그의 법칙은 "$PV = a$"로 표현할 수 있다. a는 일정한 상수다. a를 10이라 하면 P와 V가 가질 수 있는 값의 짝은 (1,10), (2, 5), (3, 10/3), (4, 5/2), (5, 2) 따위다. 이를 보건대 P의 값이 커질수록 V의 값은 작아진다.

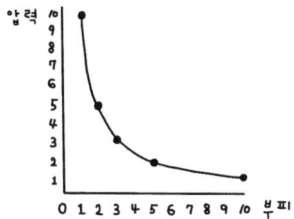

이 법칙을 흔히 "보일 법칙", "마리오트 법칙", "보일-마리오트 법칙"으로 부른다. 우리가 숨 쉴 수 있는 까닭은 이 법칙 덕분이다. 가로막힘살^{횡격막근}과 갈비사이힘살^{늑간근} 따위를 써서 허파를 부풀리면 허파의 부피가 커지고 이에 따라 허파의 압력이 낮아진다. 이에 압력이 더 높은 바깥 공기가 허파 안으로 흘러 들어와 압력 차이를 메운다.

보일-마리오트 법칙을 처음 공식화한 사람은 영국 의

사 핸리 파워[1623-1668]다. 그는 천문학자 리처드 토우넬리[1629-1707]와 함께 1661년 토리첼리 기압계를 써 공기 밀도와 압력 사이 관계를 파악했다. 그들은 이를 1663년에 출판된 『실험 철학』에 다소 뒤늦게 발표했다. 보일은 이 책의 초안을 이미 1661년에 본 듯한데 보일은 나중에 그들의 법칙을 "토우넬리의 가설"로 부르곤 했다. 보일은 J 모양의 관을 써서 압력과 부피의 관계를 얻었다. 오른쪽 입에 수은을 부어 수은 기둥을 세우면 왼쪽 관에 담긴 기체의 압력이 그만큼 늘어난다. 이 경우 왼쪽 공기의 부피가 줄어드는 것을 확인할 수 있다.

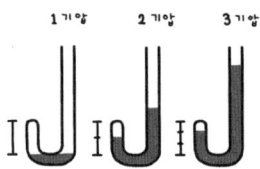

1661년 겨울 토우넬리와 보일은 함께 실험했고 보일은 이듬해 말 보일의 법칙을 발표했다. 하지만 이 법칙은 온도가 고정되지 않으면 성립하지 않는다. 프랑스 물리학자 에듬 마리오트[1620-1684]는 1679년 「공기의 됨됨이」에서 이 점을 또렷이 지적했다. 그가 이 점을 처음 안 때는 1672년 무렵이다.

02장　　　　　　　　　　　　　　　　　　　　　　　온도

우리가 일상에서 겪는 물체들은 '거시 물리계'다. 이 거시 물리계는 부피, 압력, 온도 따위의 거시 물리량을 갖는다. 우리는 앞 장에서 부피와 압력의 관계를 이야기했다. 이 장에서는 부피와 온도의 관계 및 압력과 온도의 관계를 이야기함으로써 '온도' 개념을 가다듬는다. 먼저 '열 접촉', '투열벽', '열평형' 개념을 이해하고 이 개념을 바탕으로 온도계를 만들었던 역사를 간추린다. 사람들은 이 역사를 거치며 '온도' 개념을 더 또렷이 했고 마침내 이상기체 방정식을 얻었다.

0201. 열 접촉

물리계는 보통 '거시 물리계'와 '미시 물리계'로 나뉜다. 한자어 "거시"는 '크게 봄'이나 '크게 보임'을 뜻하고 "미시"는 '작게 봄'이나 '작게 보임'을 뜻한다. 거시 물리계는 우리가 충분히 알아차릴 수 있을 만큼 크다. 미시 물리계는 너무 작아 우리가 잘 알아차릴 수 없다. 거시 물리계는 미시 속성뿐만 아니라 거시 속성도 갖는다. 아주 많은 알갱이로 이뤄진 뭇알갱이계는 대체로 거시 물리계다. 이 물리계를 이루는 알갱이 하나하나의 질량, 위치, 속도, 가속도 따위는 미시 속성이다. 물리계의 전체 질량, 전체 질량의 중심 위치, 중심 속도, 중심 가속도 따위는 그 물리계의 거시 속성이다.

당연히 '미시'와 '거시'의 구별은 우리 인식의 구별에 지나지 않는다. 미시와 거시를 또렷이 구별할 길은 없다. 이 때문에 오늘날 '미시'와 '거시' 사이에 '중시'를 두기도 한다. 생물이 처한 자연환경은 거시 물리계다. 대체로 생물들은 환경의 거시 속성뿐만 아니라 미시 속성에도 잘 적응한다. 당연히 사람의 몸도 환경의 미시 속성들에 적절히 반응한다. 하지만 사람의 지성은 환경의 미시 속성들을 의식하지는 못한다. 다만 지성은 이론의 힘으로 환경의 거시 속성 및 미시 속성을 기술하고 예측한다. 미시 물리학은 물리계에 미시 물리량을 매긴 뒤 이를 추적함으로써 물리계를 기술한다. 반면 거시 물리학은 물리계에 거시 물리량을 매긴 뒤 이를 추적함으로써 물리계를 기술한다.

열역학은 거시 물리학 이론 가운데 가장 중요하다. 열역학에서 다루는 '부피', '압력', '온도' 따위의 물리 속성은 대체로 거시 속성이다. 17세기의 물리학자들은 실험을 거쳐 물리계의 부피와 압력 사이에 규칙이 성립함을 알아냈다. 이른바 보일-마리오트 법칙에 따르면 기체 물리계의 온도가 바뀌지 않는 한 압력이 높아지면 부피는 줄어들고 압력이 낮아지면 부피는 불어난다. 마리오트가 이 법칙을 주장할 당시에 이미 온도를 재는 장치가 있었다. 하지만 '온도' 개념은 몹시도 어렵고 야릇한 개념이다.

'온도'가 무엇인지 이해하려면 '열'이 무엇인지도 함께 이해해야 한다. 두 개념은 복잡하게 얽혀 둘을 각기 따로 또렷이 이해하기는 너무 어렵다. 한자 낱말 "온도"는 '따뜻함의 정도'를 뜻한다. 하지만 '따뜻함의 정도'를 '뜨거움의 정도'로 바꾸더라도 그 뜻이 거의 달라지지 않는다. 이것은 '온의 정도'와 '열의 정도'의 뜻 또는 '온도'와 '열도'의 뜻이 거의 비슷함을 뜻한다. 반면 '열도'는 '열의 양' 곧 '열량'과 비슷하지 않다. 마찬가지로 '온도'는 '온량'과 그 뜻이 다르다. 결국 우리는 '온도'와 '온량' 사이를 또는 '열도'와 '열량' 사이를 또렷이 구별해야 한다. 실제로 물리학자들은 '온도'와 '열량'을 구별하는 데 많은 탐구 시간을 바쳤다.

'온도'와 '열량'을 구별하는 일은 당연히 한자 "온"溫과 "열"熱을 구별하는 일과 아예 다르다. 한자에서 "온"은 김이 나오는 따뜻한 물에서 비롯되었고 "열"은 숲을 태우는 뜨거운 불에서 비롯되었다. 한자 "溫"온은 그릇皿에 물氵을 가둔囚 모습이다. 갑골문에서 "溫"은 김이 올라오는 큰 그릇 안에 사람이 담긴 모습이다. '덥다'나 '뜨겁다'를 뜻하는 한자 "熱"열은 본디 '불사르다'를 뜻하는 "爇"열에서 왔다 한다. 갑골문에서 "爇"은 들짐승을 잡으려고 숲에 불""을 지르는埶 모습이다. "熱"에서 "埶"예는 풀과 나무를 땅에 심는 모습을 나타내는데 '심다'나 '기세'를 뜻한다. 이 점에서 "熱"은 '거세게 불타는 모습'을 뜻한다.

우리는 살갗으로 두 사물 가운데 더 따뜻한 것 또는 더 차가운 것을 어렴풋이 가린다. 처음에 우리에게 차가움의 정도, 따뜻함의 정도, 뜨거움의 정도는 느낄 수 있는 모습이다. 우리는 느낌으로 겪은 것을 마음으로 헤아림으로써 차츰 '온도' 개념과 '열' 개념을 쌓아갔다. 이 개념을 바탕으로 차가움의 정도나 따뜻함의 정도를 셀 수 있는 모습으로 차츰 바꾸었다. 이 과정을 거쳐 거의 19세기에 와서야 '온도' 개념과 '열' 개념을 또렷이 구별하게 되었다.

    섭씨 100도 물 한 컵은 섭씨 50도 물 한 바가지보다 온도가 더 높다. 하지만 섭씨 50도 물 한 바가지를 얻는 데 필요한 열은 100도 물 한 컵을 얻는 데 필요한 열보다 많다. 온도는 세기 물리량이다. 섭씨 100도 물 한 컵을 절반으로 나눠도 두 물은 모두 100도다. 50도 물 한 컵과 50도 물 한 컵을 모으면 50도 물 두 컵이 나올 뿐이다. 한편 열은 크기 물리량이다. 반 컵의 섭씨 100도 물에 담긴 열은 한 컵의 섭씨 100도 물에 담긴 열의 절반이다. 50도 물 한 컵과 50도 물 한 컵을 모으면 이것의 열은 50도 물 한 컵에 담긴 열의 두 배다.

    몸의 느낌으로 겪는 것을 빼면 사람은 '온도'가 무엇인지 '열'이 무엇인지 처음에 거의 몰랐다. '온도'와 '열' 개념을 차츰 알아갔던 물리학의 성장 과정을 지금 따라가고자 한다. 먼저 '온도' 개념이 자라는 과정을 이야기할 테다. 이 이야기에서 우리는 "열은 흐른다"고 가정한다. 두 물리계 사이의 열 흐름을 생각하겠다. 물리계 ㄱ과 물리계 ㄴ은 각각 벽으로 둘러싸였다. 보통 벽 안팎으로 알갱이들이 드나들 수 있지만 우리는 당분간 벽 안팎으로 알갱이들이 드나들 수 없다고 가정한다. 한때 많은 과학자가 열 자체를 알갱이로 여겼다. 열을 알갱이로 여기는 이들은 적어도 열 알갱이만은 벽 안팎으로 드나들 수 있다고 가정하면 되겠다.

벽은 크게 '단열벽'과 '투열벽'으로 나뉜다. '단열벽'은 열을 차단하는 벽 또는 열이 흐를 수 없는 벽이다. 열을 알갱이로 여기든 그렇지 않든 우리는 한 물리계를 단열벽으로 감쌀 수 있다. 단열벽을 그릴 때는 두꺼운 벽으로 그린다. 아래 그림에서 한 물리계는 단열벽으로 감싸였다.

반면 단열벽이 아닌 모든 벽은 투열벽이다. 투열벽은 열이 벽 안팎으로 오갈 수 있다. 투열벽을 그릴 때는 얇은 벽으로 그린다.

위 그림에서 한 물리계는 투열벽으로 감싸였다.

물리계 ㄱ과 물리계 ㄴ은 벽을 사이에 두고 닿아 있다. 두 물리계가 닿은 벽이 투열벽이면 물리계 ㄱ과 물리계 ㄴ은 '열 접촉'한다. 이를 아래와 같이 그릴 수 있다.

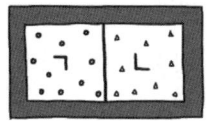

물리계 ㄱ과 물리계 ㄴ이 열 접촉할 때 두 물리계 사이에 열이 흐른다. 열은 흐르는 무엇이다. 흐르는 열을 생각할 수 없다면 우리는 '단열벽', '투열벽', '열 접촉' 따위를 거의 이해할 수 없다.

만일 우리가 완벽한 방한복을 입는다면 우리 몸을 단열벽으로 감싼 셈이고 우리는 외부 환경과 열 접촉하지 않는다. 하지만 우리 몸은 외부 환경과 거의 언제나 열 접촉하는 가운데 있다. 우리가 돌을 만질 때 우리는 돌과 열 접촉한다. 차가운 것을 만질 때 우리 몸에서 열이 빠져나가는 느낌을 느낀다. 뜨거운 것을 만질 때 우리 몸으로 열이 들어오는 느낌을 느낀다. 우리 손에서 물질 알갱이가 빠져나가거나 우리 손으로 물질 알갱이가 들어오지 않더라도 적어도 열은 우리 손 안팎으로 오가는 것 같다. 이런 열 접촉 경험을 거쳐 우리는 '열' 개념을 어렴풋이 갖게 된다.

0202. 열평형

물리계 ㄱ과 물리계 ㄴ이 열 접촉하면 두 물리계 사이에 열이 흐른다. 오랫동안 둘이 열 접촉한 뒤 물리계 ㄱ에서 물리계 ㄴ으로 흘러가는 열과 물리계 ㄴ에서 물리계 ㄱ으로 흘러가는 열이 같아졌다. 이때는 '알짜 열 흐름'이 없는 때다. 이때를 열 흐름이 멈추는 때로 여기겠다. 두 물리계 사이에 열 흐름이 멈출 때 두 물리계는 이른바 '열평형'에 이른다. 또한 두 물리계가 열평형에 이를 때 두 물리계 사이에 알짜 열 흐름은 없다.

두 물리계 사이의 평형을 이야기할 수 있는 만큼 한 물리계에서도 평형을 이야기할 수 있다. 한 물리계를 여러 작은 부분으로 나눈다. 한 부분과 다른 부분에 열 흐름이 없을 때 전체 물리계는 열평형에 이른 셈이다. 한 물리계가 열평형에 있다는 말은 그 물리계의 부분과 부분 사이에 열 흐름이 없음을 뜻한다. 두 물리계 사이의 열평형이든 한 물리계 안의 열평형이든 열평형에 이르렀을 때 열 흐름은 멈춘다. 다만 '열평형 관계'와 '열평형 상태'를 구별해야 한다. '열평형 관계'는 열 접촉하는 물리계들 사이의 열평형이다. '열평형 상태'는 한 물리계 부분과 부분 사이의 열평형이다.

한자 낱말 "평형"에서 "평"平은 '고름'을 뜻하고 "형"衡

은 '저울'을 뜻한다. 한자 "平"[평]은 '소리의 울림이 고르게 퍼져나가는 모습'이나 '물 위에 뜬 물풀의 모습'을 본뜬 것이다. 한자 "衡"[형]은 본디 뿔[角] 달린 큰[大] 짐승을 네거리[行] 한가운데 묶어 놓은 모습을 본뜬 글자였다. 이 글자는 처음에 '뿔막이'나 '쇠코뚜레'를 뜻했는데 이것이 저울을 닮아 '저울'도 뜻하게 되었다. 아무튼 한자어 "평형"은 '저울이 어느 쪽으로 기울어지지 않음'을 뜻하며 "열평형"은 '열이 어느 쪽으로도 흐르지 않음'을 뜻한다. 우리가 "평형"으로 옮긴 영어 낱말 "이퀼리브리엄"equilibrium은 본디 '똑같은 무게'를 뜻한다.

열평형은 여러 평형 가운데 하나다. 두 물리계 사이에 압력 차이가 없을 때 두 물리계는 '역학 평형 관계'에 있다. 한 물리계 부분들 사이에 압력 차이가 없을 때 그 물리계는 '역학 평형 상태'에 있다. 두 물리계 사이에 알짜 화학 반응이 없을 때 두 물리계는 '화학 평형 관계'에 있다. 한 물리계 안에서 알짜 화학 반응이 멈출 때 그 물리계는 '화학 평형 상태'에 있다. 한 물리계가 열평형, 역학 평형, 화학 평형 상태에 있을 때 그 물리계는 '열역학 평형 상태'에 있다. 두 물리계가 열평형, 역학 평형, 화학 평형 관계에 모두 있을 때 그들 사이에 '열역학 평형 관계'가 성립한다.

겨울에 뜨거운 물이 미지근해질 때뿐만 아니라 여름에

차가운 물이 미지근해질 때도 우리는 "식었다"고 한다. 우리말 "식었다"는 한 물리계가 외부 환경과 열 접촉하여 결국 열평형에 이르렀음을 뜻한다. 이 점에서 '식음'은 곧 '열평형'이다. 겨울에 식은 물이 다시 뜨거워지거나 여름에 식은 물이 다시 차가워지기 어렵다. 물이 바깥과 열평형 관계에 이르면 저절로 처음의 비평형 관계로 되돌아가지 않는다. 이 점에서 물이 식어서 이른 열평형은 안정한 평형이다.

물론 안정하지 않은 열평형도 있다. 만일 열평형이 안정하지 않다면 그 물리계는 비평형 관계 또는 비평형 상태로 이내 되돌아갈 것이다. 다만 우리가 일상에서 겪는 식음들은 대부분 안정하다. 물리학은 이 안정성을 설명해줄 새로운 개념을 만드는데 우리가 마침내 배우게 될 '엔트로피'다. 사실 '엔트로피' 개념을 또렷이 이해해야만 '온도' 개념과 '열' 개념을 또렷이 이해할 수 있다. 하지만 처음에는 '온도' 개념을 바탕으로 '열'과 '엔트로피' 개념을 이해하는 것이 낫겠다.

이제 열평형 관계가 갖는 특성을 살펴보려 한다. 당연히 한 물리계는 자기 자신과 열평형 관계를 맺는다. 달리 말해 열평형 관계는 '재귀성'을 띤다. "재귀성"은 '자기 자신과 그 관계를 맺음'을 뜻한다. 한 물리계가 자기 자신과 열평형 관계를 맺는다는 말은 야릇하게 들린다. 이 말을 이해하는 두 가지 길이 있다. 하나는 '자신과 똑같은 물리계를 하나 더 만들어 둘을 열 접촉하면 둘 사이에 알짜 열 흐름이 없다'고 이해하는 길이다. 다른 하나는 '다른 물리계와 열 접촉이 없다면 한 물리계는 저절로 열평형 상태에 이른다'고 이해하는 길이다. 그다음 물리계 ㄱ에서 물리계 ㄴ으로 가는 알짜 열 흐름이 없다면 당연히 물리계 ㄴ에서 물리계 ㄱ으로 가는 알짜 열 흐름도 없다. 따라서 물리계 ㄱ이 물리계 ㄴ과 열평형 관계를 맺으면 물리계 ㄴ은 물리계 ㄱ과 열평형 관계를 맺는다. 달리 말해 열평형 관계는 '대칭성'을 띤다. "대칭성"은 '그 관계는 일방 관계가 아니라 쌍방 관계임'을 뜻한다.

물리계 ㄱ, 물리계 ㄴ, 물리계 ㄷ은 다음과 같이 서로 열 접촉한다. 물리계 ㄱ과 물리계 ㄴ은 열평형 관계를 맺고 물리계 ㄴ과 물리계 ㄷ은 열평형 관계를 맺는다.

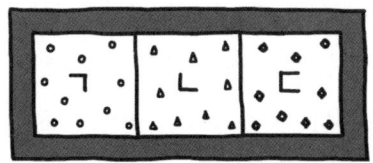

만일 물리계 ㄱ과 물리계 ㄷ만 따로 떼어 열 접촉한다면 둘

사이에 열 흐름이 있을까? 실험 결과 두 물리계 사이에 열 흐름이 없다면 우리는 다음 법칙을 얻는다.

> 만일 물리계 ㄱ과 물리계 ㄴ이 열평형 관계를 맺고 동시에 물리계 ㄴ과 물리계 ㄷ이 열평형 관계를 맺으면, 물리계 ㄱ과 물리계 ㄷ도 열평형 관계를 맺는다.

영국 물리학자 랄프 하워드 파울러[1889-1944]는 1931년에 이 법칙을 "열역학 제0법칙"이라 했다. 이 법칙에 따르면 열평형 관계는 '이행성'을 띤다. "이행성"은 '관계 맺음이 고리를 물고 서로 이어짐'을 뜻한다. 결국 열평형 관계는 재귀성, 대칭성, 이행성을 띤다.

모임 「ㄱ」은 지금 순간 물리계 ㄱ과 열평형 관계를 맺는 물리계들의 모임이다. 열평형 관계는 재귀성, 대칭성, 이행성을 띠기에 모임 「ㄱ」 안의 물리계들은 모두 서로 열평형 관계를 맺고 이 모임 바깥 물리계와는 열평형 관계를 맺지 않는다. 이로부터 우리는 "모임 「ㄱ」에 있는 물리계들이 모두 똑같이 갖는 속성이 있다"고 단정할 수 있다. 그 속성을 T라 부르기로 한다. 말하자면 모임 「ㄱ」에 있는 물리계들은 똑같은 T 값을 갖는다. 만일 두 물리계가 열평형 관계를 맺으면,

이들은 같은 모임에 들어가기에 똑같은 T 값을 갖는다.

우리는 전체 질량이 다른 두 물리계가 열평형 관계를 맺을 수 있음을 안다. 다시 말해 전체 질량이 달라도 두 물리계는 똑같은 T 값을 갖는다. 이는 속성 T가 물리계의 전체 질량일 수 없음을 뜻한다. 부피가 다른 두 물리계도 열평형에 이를 수 있다. 부피가 달라도 두 물리계는 똑같은 T 값을 가질 수 있기에 속성 T는 물리계의 부피일 수 없다. 밀도가 다른 두 물리계도 열평형에 이를 수 있다. 밀도가 달라도 두 물리계는 똑같은 T 값을 가질 수 있기에 속성 T는 물리계의 밀도일 수 없다. 압력이 다른 두 물리계도 열평형에 이를 수 있다. 압력이 달라도 두 물리계는 똑같은 T 값을 가질 수 있기에 속성 T는 물리계의 압력일 수 없다. 속성 T는 질량, 부피, 밀도, 압력과는 다른 물리량이다. 우리가 아직 모르는 이 새로운 물리 속성을 "온도"라 부르겠다. 이 정의에 따르면 한 물리계 A와 열평형 관계에 있는 모든 물리계는 물리계 A와 똑같은 온도를 갖는다.

0203. 온도계

온도계는 측정 대상의 온도를 재는 장치다. 온도계와 측정 대상을 열 접촉하면 열을 주고받은 뒤 언젠가 둘은 열평형에 이른다. 둘이 열평형에 이르면 온도의 정의에 따라 둘의 온도는 같아진다.

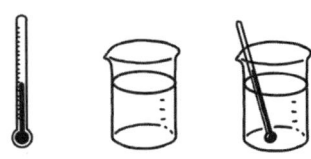

온도계와 측정 대상의 온도가 다르다면 둘 사이에 열이 흐른다. 만일 둘 사이에 열이 흘렀다면 이들의 온도는 처음과 달라졌다. 따라서 둘이 열평형에 이르렀을 때 측정 대상의 온도는 처음 온도와 다를 수 있다.

우리는 온도계에 견주어 측정 대상이 아주 크다고 가정한다. 이렇게 가정하면 온도계와 열 접촉한 뒤 측정 대상의 온도는 접촉하기 전의 처음 온도와 거의 같다. 그 까닭을 우리가 이미 어렴풋이 가진 '열' 개념으로 설명할 수 있다. 무엇보다 온도는 세기 물리량이지만 열은 크기 물리량이다. 측정 대상이 아주 크다면 측정 대상이 처음에 갖고 있던 열은 아주 많다. 온도계가 아주 작다면, 온도계에서 흘러들어오는 열이든 온도계로 빠져나가는 열이든, 둘 사이 열 접촉으로 오가는 열은 측정 대상이 처음에 가진 열에 견주어 매우 적다. 아주 적은 열로는 큰 물체의 온도를 크게 바꿀 수 없다.

    온도계로 온도를 재는 절차는 다음과 같다. 먼저 온도계를 측정 대상과 열 접촉한다. 그다음 온도계와 측정 대상이 열평형에 이른다. 둘이 열평형에 이르면 둘의 온도는 같다. 끝으로 우리는 온도계의 온도를 읽는다. 온도계의 온도를 읽을 때 감각 기관을 써야 한다. 측정장치의 측정값을 읽을 때 주로 쓰는 기관은 눈이다. 우리는 측정장치에 미리 눈금을 새겨놓은 뒤 그 눈금을 눈으로 읽거나 세어 길이를 잰다. 이처럼 온도 측정에서도 길이 측정이 바탕이다. 온도계는 우리가 그 온도를 쉽게 읽도록 미리 눈금을 매긴 사물이다.

    온도계를 만들려면 온도 크기를 길이 크기로 바꿔주는 현상을 찾아야 한다. 이미 고대 그리스 시절부터 공기의 부피와 온도 사이의 관계를 어렴풋이 눈치챘다. 아낙시메네스에 따르면 공기의 부피가 늘면 따뜻해지고 부피가 줄면 차가워진다. 이 생각을 조금 고치면 실제 사실에 가까워진다. 곧 공기가 따뜻해지면 그 부피가 늘고 공기가 차가워지면 그 부피가 준다. 이 경험 사실을 바탕으로 공기의 부피 변화로부터 온도 변화를 읽을 수 있다.

공기를 담은 유리관을 생각하겠다. 유리관 자체는 투열벽이다. 유리관 아래쪽은 액체로 막혔는데 유리관 공기 부피에 따라 액체가 내려가거나 올라간다. 유리관 공기 부피가 늘어나면 액체가 아래쪽으로 내려가고 유리관 공기 부피가 줄어들면 액체는 위쪽으로 올라간다. 물론 유리관 바깥 대기가 액체를 누르는 압력과 유리관 공기가 액체를 누르는 압력은 같다.

유리관 안 공기가 바깥 공기와 열 접촉하면 언젠가 두 공기는 열평형에 이른다. 열평형에 이르면 유리관 안 공기는 바깥 공기와 온도가 같아진다. 유리관을 오르내리는 액체의 길이를 재면 유리관 안 공기 부피를 잴 수 있다. 다른 때 또는 다른 곳에서 유리관을 오르내리는 액체의 길이는 달라진다. 서로 다른 두 경우에서 유리관을 오르내리는 액체의 길이는 쉽게 견줄 수 있다.

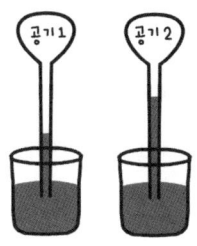

왼쪽의 공기 부피는 오른쪽의 공기 부피보다 크다. 부피가 큰 쪽이 온도가 더 높은 쪽이다.

유리관의 공기를 써서 우리는 그때마다 또는 그곳마다 온도를 서로 견줄 수 있다. 서로 다른 경우에 온도들을 서로 견주는 장치를 "온도경"이라 한다. 갈릴레이가 1593년에 온도경을 만들었다는 주장이 있다. 다른 주장에 따르면 그의 친구 체사레 마르실리[1592-1633]가 1606년에 온도경을 만들었다. 최초의 온도경 그림은 이탈리아 천문학자 주세페 비앙카니[1566-1624]의 1617년 온도경 그림이다. 온도경을 써서 우리는 주관에서 객관으로 한 발 나아갈 수 있다. 우리 각자가 자기 몸으로 느껴 갖는 개인의 믿음은 온도경의 도움으로 어느 정도 검사할 수 있다. 어제보다 오늘이 더 따뜻하다고 믿는데 실제로 온도경의 공기 부피가 어제보다 오늘이 더 크다면 우리 믿음은 어느 정도 객관성을 얻는다. 거꾸로 우리 믿음을 바탕으로 온도경의 측정을 더 믿음직하게 여길 수도 있다. 온도경 덕분에 높은 순으로 또는 낮은 순으로 물리계들의 온도를 순서 지을 수 있다.

    온도경에 눈금을 짜임새 있게 새기면 온도계가 만들어진다. 이탈리아 의학자 산토리오 산토리오[1561-1636]는 1612년에 온도경에 8개 눈금을 새겨 넣었다 한다. 그의 1625년 온도계 그림은 지금 남아 있는 최초의 눈금 있는 온도계 그림이다. 갈릴레이의 친구 지오반니 사그레도[1571-1620]는 1613년 온도경에 눈금을 새겼는데 그는 온도의 단위로 "도"를 썼다. 우리가 "온도계"로 옮기는 "써모미터"thermometer는 프랑스 천문학자 장 루레숑[1591-1670]이 1624년 그의 책에서 8도 눈금을 가진 온도계를 설명하면서 처음 썼다. 이 낱말은 그리스 말 "써모스"[뜨거운]와 "메트론"[재는 것]을 이어 붙여 만든 프랑스 낱말이다. 이 낱말이 나오기 전에는 과학자들은 "써모스코프"thermoscope를 썼는데 우리는 이를 "온도경"으로 옮겼다.

    기체뿐만 아니라 액체도 온도가 높아지면 부피가 커지고 온도가 낮아지면 부피가 작아진다. 이 때문에 공기 대신에 색깔 있는 액체를 유리관 안에 넣어 온도경을 만들어도 된다. 산토리오의 제자 조셉 델메디고[1591-1655]는 1629년 히브리글로 쓰인 책에서 위아래가 닫힌 액체 유리 온도계 그림을 처음으로 남겼다. 이 온도계 안 액체는 브랜디 곧 '증류 포도주'였다. 메디치의 페르디난도 2세[1610-1670]도 1654년에 액체 온도계를 만들었는데 색깔 넣은 알코올을 썼고 위아래가 모두 막혔다.

온도계를 만드는 방법은 대략 다음과 같다. 먼저 유리관 아래쪽에 색깔 넣은 알코올을 담고 위를 막은 온도경을 만든다.

알코올로 채워지지 않은 부분은 되도록 공기가 거의 없어야 한다. 그 부분이 진공이면 가장 좋다. 이 부분에 공기가 많으면 눈금을 매길 때 이 부분의 공기 압력이 미치는 효과를 반영해야 한다. 온도, 압력, 부피 사이의 관계뿐만 아니라 액체와 기체의 팽창률을 정확히 모르면 이 효과를 반영하기는 매우 어렵다. 이 온도계의 뿌리 부분을 측정 대상과 열 접촉하면 온도계는 나중에 측정 대상의 온도와 같아진다. 온도가 높을수록 알코올 부피는 커지고 온도가 낮을수록 알코올 부피는 작아진다. 알코올 기둥 높이는 알코올의 부피와 비례하기에 알코올 기둥 높이는 곧 알코올 부피를 재는 척도다.

이제 알코올 기둥 높이에 온도 값을 주는 규칙을 정해야 한다. 여러 가지 온도 단위 가운데 우리는 "도씨"를 쓰겠다. 우리가 "미터"를 처음 정의할 때 우리가 어느 자를 쓰든, 그 자를 누가 언제 쓰든, 한 물체의 길이가 한결같이 나오기를 바란다. 마찬가지로 "도씨"를 처음 정의할 때 우리가 어느 온도계를 쓰든, 그 온도계를 누가 언제 쓰든, 한 물체의 온도가 한결같이 나오기를 바라야 한다. 이 원리는 모든 측정 과정을 다스리는 원리다. 우리는 이 원리를 "한결의 원리"라 이름 지을 수 있다.

우리는 1미터의 기준이 되는 막대가 누가 언제 재더라도 길이가 바뀌지 않는다고 가정한다. 20세기에 상대성이론이 나오기 전까지 이 가정은 의심받지 않았다. 물론 오늘날에도 그 가정을 바탕으로 길이를 정의하고 길이를 재더라도 크게 잘못되지 않는다. 주어진 한 물체의 길이 자체가 한결같음을 지닌다. 이제 우리는 '주어진 한 물리계'의 온도 자체가 한결같음을 지니리라 믿는다. '미터' 표준 막대를 처음에 아무렇게 골라도 크게 잘못될 일은 없다. 다만 '미터' 표준 막대는 그와 똑같은 길이를 갖는 다른 막대를 손쉽게 만들 수 있는 막대여야 한다. 마찬가지로 '도씨'의 기준이 되는 물리계를 처음에 아무렇게 골라도 크게 잘못될 일은 없다. 다만 '도씨'의 기준 물리계는 그와 똑같은 온도를 갖는 다른 물리계를 손쉽게 만들 수 있는 물리계면 더욱 좋다.

마당에 있는 아무 돌을 '도씨'의 기준 물리계로 삼는 일은 어리석다. 왜냐하면 그 돌의 온도는 시간에 따라 장소에 따라 달라지기 때문이다. '도씨'의 기준 물리계 자체는 온도가 고정되어야 한다. 이 때문에 '도씨'의 기준 물리계를 "고정점"이라 한다. 1600년 무렵 오토 폰 게리케[1602-1686]는 처음 맺힌 서리를 그 기준으로 삼았다. 비슷한 때 산토리오는 겨울 눈을 기준으로 삼았다. 1693년 에드먼드 핼리[1656-1742]는 깊은 동굴을 기준으로 삼았다. 1701년 뉴턴은 사람의 피를 기준으로 온도 눈금을 매기려 했다. '어는 물'을 기준으로 온도 눈금을 매기려 했던 거의 첫 시도는 1663년의 로버트 훅[1635-1703]이다. 이들은 자신이 고정점으로 여긴 그 물리계의 온도가 언제 어디서나 똑같다고 믿었다. 말하자면 뉴턴은 모든 사람의 피가 언제 어디서나 온도가 똑같다고 믿은 셈이고 훅은 물이 늘 똑같은 온도에서 언다고 믿은 셈이다.

온도의 기준이 되는 고정점은 처음에 하나였다. 고정점이 하나면 눈금 하나의 크기를 정할 기준이 없어 실제 온도계를 만들기 어렵다. 고정점 두 개를 써서 온도 눈금을 매기는 일은 산토리오가 1612년 무렵 온도계를 만들 때 이미 시작했다. 그는 겨울 눈에 가장 낮은 온도 값을 매겼고 초의 불꽃에 가장 높은 온도 값을 매겼다. 1660년 무렵 피렌체의 학술단체 치멘토 아카데미는 '가장 추울 때의 바깥 환경'과 '가장 더울 때의 바깥 환경' 두 물리계를 기준으로 온도 눈금을 매기려 했다. 1669년 호노리 파브리는 두 기준을 '눈'과 '가장 더울 때의 바깥 환경'으로 바꾸었고 1680년 프란시스코 에스치나르디는 '녹는 얼음'과 '끓는 물'로 바꾸었다.

안데르스 셀시우스[1701-1744]는 1741년 '녹는 얼음'의 온도를 "100도씨"로 매기고 '끓는 물'의 온도를 "0도씨"로 매겼다. 하지만 오늘날 '도씨'의 정의에서는 '녹는 얼음'의 온도를 "0도씨"로 매기고 '끓는 물'의 온도를 "100도씨"로 매긴다. 오늘날 우리는 '차가움'을 '따뜻함의 없음'이나 '뜨거움의 없음'으로 이해한다. 처음 온도 개념을 짜고 온도계를 만들 때는 '차가움'은 무엇의 '없음'이 아니었다. 차가움은 우리 삶에 직접 영향을 미치는 '있음'의 영역에 속했다. 이 때문에 당시 사람들은 '뜨거움의 정도'나 '따뜻함의 정도'를 매기는 일뿐만 아니라 '차가움의 정도'를 매기는 일에도 관심이 많았다. 이는 지금 우리 삶의 주된 관심사이기도 하다.

온도경을 만들고 이로부터 온도계를 만들었던 오랜 경험 덕분에 오늘날 우리는 어렵지 않게 '도씨 온도계' 또는 '섭씨 온도계'를 만들 수 있다. 한자 낱말 "섭씨"는 '셀시우스 씨'를 뜻하며 "도씨"에서 "씨"는 '셀시우스'의 첫 알파벳 C를 뜻한다. 우리는 먼저 온도경을 만들 텐데 온도경에 넣을 물질을 정한다. 주로 쓰이는 물질에는 포도주, 알코올, 수은 따위가 있다. 우리는 일단 수은으로 온도경을 만들겠다. 녹는 얼음에 수은 온도경을 담근 뒤 그때의 수은 기둥 높이에 0의 눈금을 매긴다. 끓는 물에 수은 온도경을 담근 뒤 그때의 수은 기둥 높이에 100의 눈금을 매긴다. 끝으로 0과 100 사이에 99개 눈금을 똑같은 간격으로 새겨 넣는다. 물론 똑같은 간격으로 눈금을 매기는 일은 전혀 당연하지 않으며 따로 정당화해야 한다.

유럽에서 많이 쓰인 온도계는 네덜란드 물리학자 다니엘 파렌하이트[1686-1736]가 1714년에 발명한 수은 온도계다. 그에게 '0도'는 그의 고향에서 잰 가장 추운 때 온도였다. 이는 거의 바다 소금을 섞은 물의 어는점이었다. 그에게 물의 어는점은 '30도'이고 사람 몸의 온도는 '90도'였다. 소금물의 어는점, 물의 어는점, 체온, 이 셋으로 온도 기준을 정하는 방식은 덴마크 천문학자 올레 뢰머[1644-1710]의 눈금 짜임에서 비롯되었다. 파렌하이트는 1708년에 뢰머를 만나 새로운 온도 짜임을 떠올렸다. 그는 뢰머 온도 눈금에서 분수를 없애려고 4를 곱해 '화씨 온도 짜임'을 만들었다. 한자 낱말 "화씨"는 '파렌하이트 씨'를 뜻한다. 나중에 눈금을 더 정확하게 하려고 물의 어는점을 32도로 바꾸고 체온을 96도로 바꾸었다. 그의 온도 눈금 짜임에서 물은 약 212도에서 끓는데 결국 물의 어는점과 끓는점은 180도 차이가 난다.

0204. 한결같음

우리는 1미터 표준 막대가 길이를 재는 시간, 장소, 환경, 측정장치, 관측자 따위에 따라 다른 길이를 갖지 않는다고 믿는다. 이 믿음을 바탕으로 처음에 1미터 표준 막대를 설정하여 그 막대에 시작부터 끝까지 똑같은 간격으로 100개의 눈금을 매기면 한 눈금의 길이는 1센티미터다. 1센티미터 안에 똑같은 간격으로 다시 9개의 눈금을 매기면 한 눈금의 길이는 1밀리미터다.

길이가 갖는 이 단순한 구조 덕분에 우리는 손쉽게 자를 만들 수 있다. 기체나 액체의 부피를 잼으로써 온도를 재는 '부피 온도계'도 이러한 단순 구조를 갖는가? 얼음이 얼기 시작하는 물이나 녹기 시작하는 얼음은 언제나 0도씨일까? 처음 자를 만들 때는 표준 막대의 길이가 실제로 몇 미터인지 묻지 않는다. 마찬가지로 처음 온도계를 만들 때는 물이 실제로 몇 도씨에서 얼음이 되는지 묻지 않는다. 다만 우리는 언제나 똑같은 온도에서 물이 얼음이 되고 얼음이 물이 된다고 믿어야 한다. 그 온도가 시간, 장소, 환경, 측정장치, 관측자에 따라 달라지지 않는다고 믿어야 한다. 이 믿음이 무너지면 우리는 물이 어는 온도나 얼음이 녹는 온도를 '고정점'으로 여길 까닭이 없다.

처음에 고정점을 찾는 과정에서는 당연히 그것이 고정점이 아닐 수 있음을 의심해야 한다. 겨울의 가장 추울 때는 언제나 일정한 온도인가? 여름의 가장 더울 때는 언제나 같은 온도인가? 처음 내린 서리의 온도, 깊은 동굴 속의 온도, 사람 피의 온도는 때와 장소에 따라 바뀌지 않는가? 온도계를 처음 만드는 사람은 일단 고정점을 적어도 하나 골라야 한다. 얼기 시작하는 물의 온도를 0도씨로 여김으로써 온도계를 만들었다면 그 온도계를 써서 정말로 물이 0도씨에서 어는지 얼지 않는지를 따지는 일은 올바른 탐구가 아니다. 물이 정말로 0도씨에서 어는지 얼지 않는지를 묻는 일은 오히려 새로운 온도계를 만들려는 이의 물음이다. 물이 똑같은 온도에서 얼지 않는다고 믿는다면 그는 다른 고정점을 찾아야 한다. 또는 그는 "도씨" 말고 다른 온도 단위를 만들어야 한다.

어는 물과 끓는 물을 기준으로 도씨 온도계를 만들었다면 일단 물은 0도씨에서 얼고 100도씨에서 끓는다고 믿어야 한다. 그것을 믿지 않는다면 "도씨"의 정의 자체를 버려야 한다. 하지만 도씨 온도계를 아무리 잘 만들어도 실제로 물은 0도씨보다 낮은 온도에서 얼기도 하고 100도씨보다 높은 온도에서 끓기도 한다. 물이 0도씨에서 얼고 100도씨에서 끓는다고 믿는 이는 다른 원인으로 이를 설명한다. 당연히 물이 받는 압력에 따라 물이 어는 온도나 끓는 온도가 변한다. 이 덕분에 측정 대상의 온도를 잴 때 그 대상이 받는 압력을 고정해야 함을 깨닫는다.

만일 압력을 1기압으로 고정해도 물의 어는점과 끓는점이 달라진다면 우리는 그것이 달라지는 또 다른 원인을 찾아야 한다. 또는 '과냉각'이나 '과가열' 같은 개념을 써서 0도씨 이하에서 어는 현상과 100도씨 이상에서 끓는 현상을 별도의 특이 현상으로 여긴다. 몇몇 과학자는 영하 20도씨에도 얼지 않는 물과 200도씨에도 끓지 않은 물을 실험실에서 만들었다. 이 과정에서 과학자는 '얾' 현상과 '끓음' 현상을 더 또렷하게 정의하고 더 엄밀하게 탐구했다. 장앙드레 드 뤽[1727-1817], 조셉 루이 게이뤼삭[1778-1850], 프랑수아 마르셋[1803-1883] 등은 정밀 측정을 바탕으로 물 안에 녹은 기체, 물을 담은 그릇, 물 안에 든 불순물, 물 위 공기나 먼지 따위에 따라 물의 끓는점이 달라질 수 있음을 알게 됐다.

나아가 마르셋은 100도씨에 더 가까운 것은 끓는 물이 아니라 물이 끓어 생긴 김임을 알았다. 0도씨 온도를 갖는 물리계와 100도씨 온도를 갖는 물리계를 더욱 또렷하게 고정함으로써 과학자들은 더 나은 온도계를 만들었다. 더 나은 온도계를 써서 그들은 어는 현상과 끓는 현상을 더욱 정밀하게 탐구했다. 장하석은 2004년 책 『온도계의 철학』에서 이 과정을 "표준의 반복적 개선" "인식적 반복" "건설적인 상향성"으로 표현했다. 내 생각에 이 과정이 진보의 역사가 된 까닭은 과학자들이 한결의 원리에 바탕을 두고 이 과정을 밀고 나갔기 때문이다. 그들은 물리계의 온도 측정이 측정하는 시간, 장소, 장치, 사람에 따라 달라져서는 안 된다고 믿었다. 그들은 한결같음을 더 잘 지켜내는 온도 측정, 고정점, 온도계, 온도 이론을 애써 더듬어 찾아갔다.

장하석은 그의 책에서 이 역사를 잘 보여주었다. 가브리엘 라메[1795-1870]는 1836년의 한 책에서 액체의 부피 변화로 온도를 재는 여러 온도계를 서로 비교했다. 그가 비교한 온도계들은 물 온도계, 알코올 온도계, 수은 온도계다. 이것들은 모두 물의 어는점을 0도씨로 잡고 물의 끓는점을 100도씨로 잡았다. 하지만 수은 온도계가 50도씨를 가리킬 때 알코올 온도계는 44도씨를 가리켰고 물 온도계는 26도씨를 가리켰다.

우리는 온도가 올라갈수록 온도계 안 액체의 부피가 늘어난다고 가정했다. 이 가정은 0도씨에서 4도씨 사이 물의 경우를 빼면 대체로 잘못되지 않았다. 하지만 부피가 늘어나는 정도는 액체에 따라 다르다. 액체에 따라 부피가 늘어나는 정도가 다른 것은 온도계를 만드는 데 큰 말썽을 빚지 않는다. 똑같은 액체에서도 부피가 늘어나는 정도가 온도에 따라 달라진다는 것이 심각한 문제다. 보기를 들어 10도씨에서 11도씨가 될 때 늘어난 부피는 90도씨에서 91도씨가 될 때 늘어난 부피와 다르다. 결국 온도에 따른 액체의 '부피 증가 정도'는 균일하지 않다. 짧게 말해 액체의 팽창률은 온도에 따라 다르다.

우리는 수은 온도계 측정과 알코올 온도계 측정을 견주어봄으로써 온도에 따른 액체의 팽창률이 똑같지 않음을 알 수 있다. 한결의 원리에 따르면 온도 측정은 측정장치에 따라 달라져서는 안 된다. 수은 온도계 측정과 알코올 온도계 측정이 다른 이 사례는 한결의 원리가 잘못되었음을 뜻하지 않는다. 오히려 우리가 그 온도계들 가운데 적어도 하나를 잘못 만들었음을 뜻한다. 설사 수은 온도계나 알코올 온도계를 잘못 만들었더라도 수은이나 알코올로 온도계를 만드는 일 자체가 잘못이지는 않다. 다만 0도씨에서 100도씨 사이 99개 눈금을 똑같은 간격으로 매기는 일이 잘못일 뿐이다.

온도에 따른 액체의 팽창률을 알려면 온도를 정확히

측정해야 한다. 온도를 정확히 측정하려면 온도계를 제대로 만들어야 한다. 하지만 온도계를 제대로 만들려면 온도계 안에 넣을 액체의 팽창률을 잘 알아야 한다. 이 상황은 일종의 '악순환'이며 이 악순환은 피할 수 없다. 따라서 우리가 처음부터 완벽한 온도계를 만들 수는 없다. 그 대신 그나마 조금 더 나은 온도계를 만들어 액체의 팽창률을 차츰 더 정확히 알아가려 애써야 한다.

혼합법은 실제 온도를 그나마 더 잘 재는 온도계를 찾는 방법 가운데 하나다. 장하석에 따르면 이 방법은 영국 수학자 브룩 테일러[1685-1731]가 처음 썼다. 0도씨 물 50그램과 100도씨 물 50그램을 섞어 물 100그램을 만들면 그 물의 온도는 아마도 50도씨다. 0도씨 물 40그램과 100도씨 물 60그램을 섞어 물 100그램을 만들면 그 물의 온도는 아마도 60도씨다. 이미 그리스의 의학자 클라우디우스 갈레누스[129-216]는 서기 170년에 얼음과 끓는 물을 같은 비율로 섞어 이때 온도를 '온도 표준'으로 쓰려 했다. 하지만 정밀한 온도계가 없는 상태에서는 물의 온도가 정말로 그런 규칙을 가졌는지는 알 수 없다.

조셉 블랙[1728-1799]은 1760년 혼합법을 써서 수은 온도계가 믿을 만한지 따졌다. 드 뤽은 1772년 책에서 혼합법에 따라 여러 온도계를 검사했다. 검사 결과 그는 액체 온도계 가운데서는 수은 온도계가 온도를 재는 데 가장 알맞다고 결론내렸다. 0도씨 물 50그램과 100도씨 물 50그램을 섞어 물 100그램을 만들어 이를 물 온도계를 써서 재면 24.0도씨가 나왔다. 에탄올 온도계를 써서 이를 재면 42.1도씨가 나왔고 수은 온도계로는 48.25도씨가 나왔다. 당시의 물 온도계, 알코올 온도계, 수은 온도계 가운데 수은 온도계의 측정 결과가 50도씨에 가장 가까웠다.

앙리 빅토르 르뇨[1810-1878]는 서로 다른 온도계를 견줄 수 있는 실험 방법을 새로 만들었다. 만일 에탄올 온도계가 온도를 제대로 잴 수 있는 도구면 여러 가지 에탄올 온도계는 똑같은 물리계에 똑같은 온도 값을 주어야 한다. 르뇨는 이를 다음 절차를 거쳐 검사한다. 먼저 여러 가지 에탄올로 여러 가지 온도계 E_1, E_2, E_3 따위를 만든다. 그다음 온도가 다른 여러 물리계 S_1, S_2, S_3 따위를 마련한다. 에탄올 온도계의 온도 측정이 한결같다면 E_1, E_2, E_3 따위로 S_1의 온도를 잰 값은 거의 같은 값을 지녀야 한다. 또한 E_1, E_2, E_3 따위로 S_2의 온도를 잰 값은 거의 같은 값을 지녀야 한다. 이런 식으로 에탄올 온도계의 온도 측정이 얼마큼 한결같은지를 따질 수 있다.

에탄올의 농도에 따라 여러 가지 다른 에탄올 온도계를 만들 수 있다. 르뇨의 실험에 따르면 에탄올 온도계에서 에탄올 농도가 다르면 다른 온도 값을 낸다. 아래 그래프는 르뇨가 얻은 실험 자료인데 장하석의 책에서 따왔다.

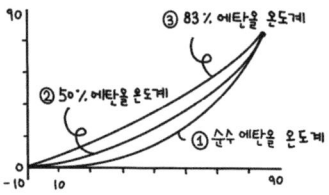

세로축은 수은 온도계로 잰 물리계의 온도 값이다. 가로축은 에탄올 온도계로 잰 그 물리계의 온도 값이다. 수은 온도계의 온도 값과 에탄올 온도계의 온도 값이 다른 것은 이미 잘 알려졌다. 더 중요한 것은 에탄올 온도계들의 온도 값도 서로 다르다는 사실이다. 이처럼 에탄올 온도계들은 온도를 잴 때 한결같음을 그다지 드러내지 않는다.

르뇨의 실험은 에탄올 온도계 자체가 믿을 만하지 않음을 밝히지는 못한다. 다만 에탄올 온도계를 만들 때 반드시 에탄올의 농도를 규정해야 함을 알려준다. 온도계를 만드는 사람 쪽에서 생각하면 순수 에탄올로 온도계를 만드는 것이 가장 낫다. 하지만 순수 에탄올이 온도에 따라 똑같은 정도로 팽창한다고 볼 까닭은 없다. 르뇨의 그래프에 따르면 에탄올과 물을 5:1로 섞을 때가 가장 곧은 직선 모습을 드러낸다. 물론 그래프의 모습이 뜻하는 바를 말하려면 수은 온도계의 눈금 자체가 믿을 만하다고 가정해야 한다.

표준 온도계는 어느 곳에서든 어느 때든 한결같음을 잘 지키는 온도계여야 한다. 르뇨의 실험에 따르면 온도를 제대로 재는 에탄올 온도계를 여러 곳에서 거듭해서 만들려면 따져야 할 요소가 너무 많다. 이 점에서 에탄올 온도계를 표준 온도계로 삼는 일은 만드는 이에게 골칫거리를 남긴다. 그다음 르뇨는 여러 가지 수은 온도계들을 견주었다. 수은은 액체 금속이니 농도 100% 수은을 마련하는 일은 알코올보다 쉽다. 하지만 수은을 담는 유리에 따라 다른 온도 값을 줄 수 있다. 낮은 온도에서 수은 온도계들은 비슷한 온도 값을 주었지만 200도씨를 넘기면서 온도계들 사이에 1도씨 가까이 차이 나기 시작했다. 수은 온도계를 표준 온도계로 쓰려면 수은을 담는 유리관 자체를 규정해야 한다.

액체 온도계 가운데서는 수은 온도계가 그나마 낫다. 물론 더 좋은 액체 온도계를 만들 가능성은 있다. 액체 온도계와 기체 온도계를 견주면 기체 온도계가 더 낫다. 르뇨는 기체 온도계의 한결같음이 액체 온도계보다 더 크다는 점도

보였다. 먼저 유리관 안 공기의 압력을 달리해 여러 공기 온도계를 마련한다. 그 온도계들은 0도씨부터 300도씨까지를 측정해도 그 측정값들의 차이가 0.3도씨를 넘지 않았다. 이처럼 공기 온도계를 써서 온도를 측정하면 온도 값은 측정장치에 따라 거의 달라지지 않는다. 다시 말해 서로 다른 여러 공기 온도계들은 매우 한결같은 측정값을 낸다. 이것은 공기 온도계가 온도를 측정하는 데 상당히 알맞은 측정장치임을 말해준다.

액체를 담는 유리관 자체가 팽창하듯이 기체를 담는 유리관도 팽창한다. 높은 온도에서 유리관의 팽창 정도는 수은 온도계의 눈금 설정에 영향을 줄 만큼 크다. 하지만 높은 온도에서 유리관의 팽창 정도는 기체 온도계의 눈금 설정에 영향을 줄 만큼 크지는 않다. 왜냐하면 유리의 팽창률에 견주어 기체의 팽창률이 매우 크기 때문이다. 물론 온도계 안에 들어가는 기체가 공기냐 황산가스냐에 따라 몇 도씨씩 차이가 난다. 이는 표준 온도계를 만들 때 유리관에 담을 기체 자체를 규정해야 함을 뜻한다. 순수 수소 기체, 순수 헬륨 기체 따위를 얻기 어렵다면 그냥 대기의 공기를 써서 온도계를 만드는 것이 낫다.

르뇨는 1847년 논문에서 높은 온도를 측정할 때 쓸 만

한 온도계는 공기 온도계밖에 없다고 결론내렸다. 공기 온도계는 두 가지가 있다. 하나는 등압 온도계고 다른 하나는 등적 온도계다. 등압 온도계는 온도계 안 공기 압력을 고정한 뒤 부피 변화를 따라가며 온도를 매긴다. 이 온도계는 온도계 안 공기 부피를 잼으로써 측정 대상의 온도를 잰다. 반면 등적 온도계는 온도계 안 공기 부피를 고정한 뒤 압력 변화를 따라가며 온도를 매긴다. 이 온도계는 온도계 안 공기 압력을 잼으로써 측정 대상의 온도를 잰다. 르뇨는 등압 온도계보다 등적 온도계가 더 낫다고 보았다.

0205. 이상기체

19세기 중반까지 실험실 과학자가 얻을 수 있는 가장 좋은 온도계는 공기 온도계다. 이 온도계를 만들 때 공기의 팽창률이 온도에 따라 일정하다고 처음에는 가정해야 한다. 곧 온도가 10도씨에서 11도씨로 높아질 때 공기의 부피가 늘어나는 정도는 90도씨에서 91도씨로 높아질 때와 똑같다. 공기의 팽창률이 온도에 따라 실제로 똑같은지 당시의 실험실에서 검증할 방법은 없다. 그것을 검증하려면 온도를 정밀하게 측정해야 하는데 당시에 공기 온도계보다 더 정밀하게 온도를 측정하는 장치는 없었다. 결국 이렇게 온도 측정만으로는 온도 개념을 더 또렷이 가다듬을 수 없는 곳에 이르렀다.

이제 우리는 온도 이론을 세워야 할 때다. 온도에 따라 부피가 증가하더라도 그 증가가 반드시 온도에 비례하여 증가하지 않을 수 있다. 하지만 공기 온도계를 만드는 이는 바탕 믿음 "기체의 압력이 일정하다면 기체의 부피는 온도에 비례하여 불어난다"를 믿는다. 그들은 이 믿음을 법칙으로 여겼는데 오늘날 이를 "샤를 법칙"이라 한다. 이 '법칙'은 조셉 루이 게이뤼삭[1778-1850]의 1802년 논문에 처음 나온다. 그는 프랑스 과학자 자크 샤를[1746-1823]이 1780년대에 이를 먼저 발견했다고 밝혔다. 이미 1801년 존 돌턴은 같은 온도 변화에 대해 모든 기체가 똑같은 정도로 부피가 변한다는 실험 결과를 발표했다.

영국 과학자 프랜시스 혹스비[1660-1713]가 샤를 법칙을 1708년에 이미 발견했다는 견해도 있다. 아마도 그가 발견한 법칙은 그냥 한 기체의 부피가 온도에 비례한다는 정도의 덜 일반화된 법칙일 것이다. 그는 온도 증가에 따라 모든 기체의 부피가 온도에 비례하여 증가한다는 법칙을 발견한 것 같지는 않다. 샤를은 1787년에 서로 다른 기체를 같은 부피의 5개 풍선에 채운 뒤 80도씨 정도까지 온도를 높이는 동안 이들의 부피가 온도에 비례하여 불어난다는 점을 발견했다. 이로부터 그는 모든 기체의 부피가 기체의 온도에 따라 비례하여 증가한다는 법칙을 세웠다.

부피를 V로 쓰고 온도를 T로 쓰면 샤를 법칙은

$$V = bT$$

로 쓸 수 있다. 여기서 b는 실험 또는 이론으로 찾아야 하는 상수다. 달리 표현해 압력이 바뀌지 않는 한 기체의 부피와 온도의 비 V/T는 일정하다. 사실 더 정확하게는

$$V = bT + V_0$$

라고 해야 한다. 여기서 V_0는 0도씨 때 기체의 부피고 b는 온도에 따라 부피가 불어나는 정도를 나타낸다. 샤를 법칙에서는 기체마다 b 값과 V_0 값이 다르지만 기체의 질량과 압력이 고정되면 b와 V_0도 거의 고정된다. 더 정확히 말하면 기체의 질량이 아니라 기체 안 알갱이 수다.

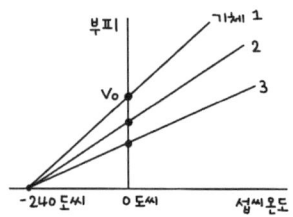

온도가 떨어지면 부피가 줄어드는데 프랑스 물리학자 기욤 아몽통[1663-1705]은 온도가 계속 낮아지면 V가 언젠가 거의 0이 되리라 추측했다. 그의 이론에 따르면 그 온도는 영하 240도씨 정도다.

기욤 아몽통은 정밀한 온도계가 없는 상황에서 나름대로 온도계를 개선해가며 기체의 압력, 부피, 온도 사이 관계를 추적했다. 그는 온도를 충분히 낮추면 기체의 부피와 압력이 0에 가까워지리라 추측했다. 이로부터 그는 기체의 부피와 압력이 둘 다 0에 가까이 떨어지는 가장 낮은 온도 개념을 1702년 무렵 떠올렸다. 그는 가장 낮은 온도를 "극한의 추위"로 표현했다. 하지만 그는 자연이 극한의 추위에 실제로 이를 수는 없다고 생각해 그 값을 추정하지 않았다. 스코틀랜드 의사 조지 마르틴[1700-1741]은 아몽통 이론에 따라 그 온도의 아래쪽 극한을 셈했다. 그는 1740년에 그 값을 영하 239.5도씨 정도라고 발표했다. 아몽통이 말한 '극한의 추위'를 절대 0도로 잡은 온도 짜임을 "아몽통 절대온도"라 하겠다.

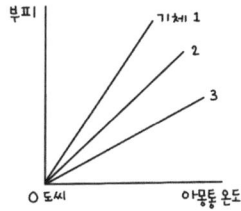

아몽통 절대온도 개념을 쓰면 샤를 법칙은 "$V = bT$"로 쓸 수 있다. 왜냐하면 절대 0도일 때 V가 0이 되려면 상수 V_0가 0이어야 하기 때문이다. 하지만 온도 T가 섭씨 눈금으로 잰 온도면 샤를 법칙은 "$V = bT + V_0$"로 표현된다.

앙리 르뇨가 보였듯이 공기 기체로 만든 온도계와 황산 기체로 만든 온도계는 다른 온도 값을 낸다. 공기 온도계를 써서 황산 기체 부피와 온도의 관계를 추적한다면 황산 기체는 샤를 법칙을 만족하지 않는다. 나아가 공기 기체의 팽창률은 온도마다 미세하게 다를 것이다. 이를 보건대 실제 기체가 샤를 법칙을 완벽히 따르리라는 보장은 없다. 샤를 법칙 자체는 이미 처음부터 흔들리는 법칙이다. 하지만 보일 법칙과 샤를 법칙은 정교한 온도 이론으로 나아가는 첫걸음이다.

우리는 보일 법칙과 샤를 법칙을 버리기보다는 이 법칙들을 만족하는 기체와 그렇지 못한 기체를 나누는 것이 낫겠다. 이른바 '이상기체'는 보일 법칙과 샤를 법칙을 만족하는 기체다. 이상기체는 실제 기체와 아예 다른 기체가 아니라 실제 기체와 어느 정도 비슷한 기체다. 우리는 실제 기체가 이상기체와 얼마큼 다른지를 가늠할 수 있다. 이상기체와 매우 가까운 실제 기체가 있고 덜 가까운 실제 기체가 있다. 예컨대 밀도가 매우 낮은 실제 기체는 이상기체에 가깝다. 또는 압력이 매우 낮은 실제 기체는 이상기체에 가깝다. 실제 기체를 이루는 알갱이가 단순할수록 그 기체는 이상기체에 가깝다. 또 그 알갱이가 가벼울수록 그 기체는 이상기체에 가깝다. 실제 기체는 보일 법칙과 샤를 법칙을 완벽하게 따르지는 않지만 실제 기체가 이상기체에 가까울수록 그 법칙들을 더 잘 따른다.

온도가 0도씨 때 기체의 부피를 V_0이라 하고 온도가

100도씨 때 기체의 부피를 V_{100}이라 하겠다. 온도가 0도씨에서 100도씨까지 높아질 때 부피의 증가는 '$V_{100} - V_0$'이다. 이 증가는 처음 부피 V_0에 비례할 텐데 비례 상수를 c로 잡는다.

$$V_{100} - V_0 = cV_0$$

돌턴과 게이뤼삭은 비례 상수 c를 실험으로 측정했다. 그 값은 기체에 따라 크게 다르지 않았다. 그들은 c 값이 3/8이라 주장했다. 이는 약 100/267인데 오늘날 값은 약 100/273이다.

샤를 법칙 '$V = bT + V_0$'를 쓰면 '$V_{100} - V_0 = 100b$'다. 이로부터 '$b = (V_{100} - V_0)/100 = cV_0/100$'이다. 여기에 '$c = 100/273$'을 넣으면 b는 $V_0/273$이다. 따라서 샤를 법칙 '$V = bT + V_0$'는 '$V = (V_0/273)T + V_0$'으로 쓸 수 있다. 이를 간추리면

$$V = V_0 \left(1 + \frac{T}{273}\right)$$

이다. 여기서 V_0은 0도씨 때 부피다. 따라서 샤를 법칙에 따르면 일정 질량의 기체 부피는 온도가 1도씨 오를 때마다 0도씨 부피의 1/273배씩 불어나고 온도가 1도씨 내릴 때마다 0도씨 부피의 1/273배씩 줄어든다. 물론 실제 기체는 이 규칙을 그대로 따르지 않으며 다만 이상기체라야 이를 따른다.

한편 T가 영하 273도씨 때 V는 0이다. 부피가 음수일 수 없으니 샤를 법칙에 따르면 온도는 영하 273도씨 아래로 더 떨어질 수 없다. 다시 말해 샤를 법칙에 따르면 영하 273도씨는 가장 낮은 온도다. 우리가 '영하 273도씨'를 "절대 영도" 또는 "0케이"로 정의하면 0케이는 가장 낮은 온도고 더 낮은 온도는 없다. '절대 영도'나 '0케이'는 온도가 음수가 되지 않도록 새로 정의한 온도 눈금이다. 이 개념을 짜임새 있게 정의한 사람은 1848년의 윌리엄 톰슨[1824-1907]인데 그의 다른 이름은 "켈빈"이다. 그가 새로 정의한 온도 눈금 단위를 "켈빈" 또는 K라 한다.

이제 우리는 두 가지 온도 눈금 짜임을 갖는다. 하나는 섭씨 온도 눈금 곧 도씨 온도 눈금이고 다른 하나는 켈빈 온도 눈금 곧 절대온도 눈금이다. 도씨 온도 눈금을 T_C로 쓰고 절대온도 눈금을 T_K로 쓰면 "$T_K = T_C + 273$"을 만족한다. V_0은 0도씨 곧 273케이 때 기체의 부피다. 절대온도로 표현하면 V_0은 V_{273}으로 써야 한다. 샤를 법칙을 절대온도 눈금을 써서 표현하면

$$V = V_{273} \left(1 + \frac{T_C}{273}\right) = \frac{V_{273}}{273} T_K$$

이다. 이제부터 T_K 대신에 T를 쓸 텐데 T는 별말 없으면 절

대온도 눈금이다. 섭씨 온도 눈금을 쓸 때는 T_C라 쓰겠다. 샤를 법칙 "$V = (V_{273}/273)T$"는 실제 기체가 아니라 이상기체에서 성립한다. 게이뤼삭은 실제 기체가 이 법칙을 엄격히 따르리라 생각하지 않았다. 실제 기체는 매우 낮은 온도에서 액화되는데 액체의 부피는 0으로 떨어지지 않는다.

기체의 부피를 고정한 뒤 온도를 높이면 그에 비례해 그 기체의 압력이 높아진다. 아몽통은 공기만으로 실험한 것 같고 게이뤼삭은 여러 기체로 실험하여 이 법칙에 이르렀다. 이 법칙의 이름은 여러 가지인데 "아몽통 법칙", "게이뤼삭 법칙", "압력 법칙" 따위다. "게이뤼삭 법칙"은 다른 법칙을 부르는 데 이미 쓰이기에 우리는 그 법칙을 "아몽통 법칙" 또는 "압력 법칙"으로 부르겠다. 샤를 법칙은 "부피 법칙"으로 부른다. 압력 법칙에 따르면 전체 질량과 부피가 고정될 때 기체의 압력은 기체의 온도에 비례한다. 물론 이상기체들만이 이 법칙을 엄격히 지킨다. 이 법칙은 아래와 같이 표현할 수 있다.

$$P = dT$$

여기서 P는 기체의 압력이고 T는 기체의 온도인데 이 온도는 절대온도 눈금으로 매긴 값이다. 비례 상수 d는 알갱이 수와 부피가 이미 고정되었다면 기체에 따라 다른 값을 갖지 않는다. 달리 표현해 기체의 부피가 바뀌지 않는 한 기체의 압력과 온도의 비 P/T는 일정하다. 부피, 압력, 온도 사이 관계를 그나마 또렷하게 드러낸 첫 사람은 아마도 아몽통이다. 그는 이미 1702년에 압력과 부피의 곱이 온도에 비례한다고 주장했다.

0206. 이상기체 방정식

프랑스 화학자 앙투안 라부아지에[1743-1794]는 30여 명의 과학자를 불러놓고 1785년 2월 27일부터 사흘에 걸쳐 공개 실험했다. 그는 물로부터 산소 기체와 수소 기체를 떼어낼 수 있고 다시 두 기체를 붙여 물을 만들 수 있음을 보였다. 그는 여기 나오는 기체의 이름 "산소"와 "수소"를 처음 만들었다. 이로써 그는 물이 물질세계를 이루는 바탕 물질이 아님을 밝혀냈다. 그는 한 물질을 그 어떤 실험을 거쳐서라도 성질이 다른 두 물질로 갈라낼 수 없다면 그 물질을 원소로 여길 수 있다고 보았다. 그는 1789년에 '빛'과 '열'을 포함해 33개 원소를 제안했다. 이 목록에 염산, 석회, 알루미나 같은 복합물도 있다. 물론 그에게 "산소는 원소다"는 산소가 더 잘게 쪼갤 수 없는 산소 원자들로 이뤄졌음을 뜻하지 않는다.

'화학 변화' 또는 '화학 반응'은 물질들이 뭉치거나 흩어져 그 물질들이 바뀌는 일이다. 화학자들은 화학 변화와 반응을 다스리는 법칙을 찾아내려 애썼다. 라부아지에는 질량보존 법칙을 찾았다. 화학 반응에 참여하는 물질들의 질량을 더한 값은 화학 변화가 일어나기 전과 후에 바뀌지 않는다는 법칙이다. 하지만 원소들이 단단히 묶인 '화합물'과 원소들이 섞여 그냥 느슨하게 맞닿은 '혼합물'을 또렷이 가리는 일은 쉽지 않다. 소금과 물은 다양한 비율로 섞여 여러 가지 소금물이 된다. 프랑스 화학자 클로드 루이 베르톨레[1748-1822]는 주로 용액 상태의 물질을 갖고 실험했다. 그는 원소들이 들붙어 화합물을 이룰 때 이들 원소의 성분비가 정해져 있지 않다고 주장했다. 하지만 프랑스 화학자 조제프 루이 프루스트[1754-1826]는 주로 마른 화합물을 갖고 실험했다. 소금은 나트륨 원소와 염소 원소가 1 대 1의 비율로 들붙어 있다. 1799년 그는 원소들이 화합물을 이룰 때 이들 원소의 성분비가 일정하다고 주장했다. 이를 "일정성분비 법칙"이라 한다. 그는 화합물과 혼합물이 다르며 소금물이 화합물이 아니라 생각했다.

영국 화학자 존 돌턴[1766-1844]은 질량보존 법칙과 일정성분비 법칙을 한꺼번에 설명하는 이론을 찾으려 했다. 그는 원소가 더 잘게 나눌 수 없는 원자들로 이뤄졌음을 믿었다. 그에 따르면 라부아지에의 33가지 원소들에 해당하는 33가지 원자들이 있다. 33가지 원자는 모양과 크기뿐만 아니라 화학 성질에서도 다르다. '원자량'은 여러 가지 화학 성질을 낳는 원자의 속성 가운데 하나다. 돌턴은 라부아지에가 했던 것처럼 화학 반응에 참여해 결합하는 원소들의 질량을 재어봄으로써 원자량을 각 원자에게 매겼다. 라부아지에의 실험에 따르면 물은 85%의 산소와 15%의 수소로 이루어졌다. 돌턴은 물이 산소 원자 하나와 수소 원자 하나로 이루어졌다면서 산소의 원자량이 수소 원자량의 85/15배 곧 5.66이라 주장했다. 하지만 산소의 실제 원자량은 약 16이다. 그는 라부아지에의 자료가 정확하지 않았다는 사실을 몰랐고 물이 산소 원자 하나와 수소 원자 둘로 이뤄져 있다는 사실도 몰랐다.

둘 이상의 원소들이 뭉쳐 화합물을 이룰 때 여러 가지 화합물들이 만들어진다. 예컨대 산소와 탄소가 뭉쳐 이산화탄소도 만들고 일산화탄소도 만든다. 이산화탄소에 들어간 탄소 대비 산소의 양은 일산화탄소의 2배다. 1803년 돌턴은 이 사실을 발견했는데 오늘날 이를 "배수비례 법칙"이라 한다. 돌턴의 원자이론은 프루스트의 일정성분비 법칙뿐만 아니라 배수비례 법칙도 잘 설명했다. 일산화탄소는 탄소 원자 하나와 산소 원자 하나로 이뤄졌고 이산화탄소는 탄소 원자 하나와 산소 원자 둘로 이뤄졌다. 이름 "일산화탄소"와 이름 "이산화탄소" 자체 안에 이미 돌턴의 원자이론이 담겼다.

탄소 원소는 탄소 원자로 이뤄졌지만 일산화탄소는 일산화탄소 분자로 이뤄졌다. 여기서 "분자"는 여러 원자가 단단히 묶인 알갱이를 말한다. 동아시아에서 "분자"로 옮기는 영어 낱말 "마러큘"molecule은 불어 낱말 또는 라틴어 낱말에서 왔다. 이 낱말은 1620년대 데카르트가 처음 만들었는데 "작은 물질 덩어리"나 "작은 알갱이"를 뜻한다. 물론 그는 물질이 더 잘게 쪼갤 수 없는 원자나 분자로 이뤄졌다고 생각하지 않았다. 그에 따르면 모든 물질은 무한히 작게 더 쪼갤 수 있다. 그에게 분자는 원자로 이뤄진 알갱이를 뜻하지 않는다. 원자로 이뤄진 알갱이를 뜻하는 말로 이 낱말을 쓴 이는 1811년의 이탈리아 물리학자 아메데오 아보가드로[1776-1856]다. 이미 말했듯이 물리계를 알갱이들의 모임으로 여기는 일은 물리학과 화학에서 엄청난 큰 발걸음을 내딛는 일이다. 나아가 알갱이를 원자 알갱이와 분자 알갱이로 갈래짓는 일도 매우 큰 발걸음이다.

게이뤼삭은 1808년 매우 야릇한 사실을 알게 됐다. 수소 기체와 산소 기체가 만나 물 기체를 만들 때 이들 기체의 부피 비가 2 대 1 대 2였다. 화학 반응에 기체들이 참여해 새로운 기체를 만들 때 이들 기체 부피 사이에 정수비가 성립한다. 이를 "기체 반응 법칙" 또는 "게이뤼삭의 법칙"이라 한다. 화학 반응에 참여하는 기체들의 부피에 정수비가 성립하는 일은 매우 놀랍다. 이들 기체의 질량 사이에는 정수비가 성립하지 않는다. 일정성분비 법칙과 배수비례 법칙이 말해

주듯이 화학 반응에 참여하는 알갱이 수 사이에 정수비가 성립할 것 같다. 이것은 기체의 알갱이 수와 기체의 부피 사이에 특별한 관계가 있음을 말해준다. 아보가드로는 이를 풀려고 1811년 일정 부피의 기체 안에 똑같은 개수의 알갱이들이 들어있다는 가설을 제안했다.

물이 수소 원자 하나와 산소 원자 하나로 이뤄졌다면 수소 기체와 산소 기체가 만나 물 기체가 되는 일은 다음과 같이 표현된다.

수소 원자 + 산소 원자 → 물 분자

여기서 수소 기체, 산소 기체, 물 기체의 알갱이 개수 비는 1 대 1 대 1이다. 이 화학 변화 또는 화학 결합은 알갱이 개수가 절반으로 줄어드는 과정이다. 하지만 게이뤼삭의 실험에 따르면 부피의 비율은 2 대 1 대 2였다. 부피 비가 곧 알갱이 개수의 비가 되도록 '계수'를 바꾸어야 한다.

2 수소 원자 + 산소 원자 → 2 물 분자

이렇게 바꾸면 물 분자는 수소 원자 하나와 산소 원자 절반으로 이루어진다. 하지만 산소 원자 자체는 반으로 쪼개질 수 없다. 이는 산소 기체를 이루는 알갱이가 산소 원자 알갱이 하나로 이뤄지지 않았음을 말해주는 것 같다. 나아가 아보가드로의 가설 "일정 부피의 기체 안에 똑같은 개수의 알갱이들이 들어있다"에서 '알갱이'는 원자 알갱이가 아니다.

일정 부피의 기체 안에 똑같은 개수의 원자 알갱이가 들어있다고 가정하면 기체 반응 법칙을 설명할 수 없다. 이 때문에 일정 부피의 기체 안에 똑같은 개수의 분자가 들어있다고 가정함으로써 기체 반응 법칙을 설명해야 할 것 같다. 이제 수소 기체 알갱이와 산소 기체 알갱이가 만나 물 기체 알갱이가 되는 과정을 '분자'를 써서 표현하겠다. 또한 부피비가 곧 알갱이 개수의 비가 되도록 '계수'를 단다.

2 수소 분자 + 산소 분자 → 2 물 분자

다만 수소 분자는 수소 원자로만 이뤄졌고 산소 분자는 산소 원자로만 이뤄졌다고 가정한다. 이들 분자가 몇 개의 원자로 이뤄졌는지는 이 식만으로 결정되지 않는다. 이 식을 만족하는 분자 구조는 여러 가지인데 아래는 그 가운데 하나다. 수소를 H로 쓰고 산소를 O로 썼다.

$$2H_2 + O_2 \rightarrow 2H_2O$$

여기서 H_2는 수소 분자고 O_2는 산소 분자며 H_2O는 물 분자다.

아보가드로에 따르면 기체의 압력과 온도를 고정하면 그 기체 안에 담긴 알갱이의 수는 기체 부피에 비례한다. 또는 기체의 압력과 온도를 고정하면 그 기체의 부피는 그 기체 안에 담긴 알갱이 수에 비례한다. 이는 그 기체가 무슨 알갱이로 이뤄졌는지에 따라 달라지지 않는다. 이 법칙을 "아보가드로 법칙"이라 한다. 물론 실제 기체는 이 법칙을 엄격히 따르지 않으며 다만 이상기체만이 이 법칙을 엄격히 따른다. 달리 말해 이 법칙을 잘 따르면 따를수록 그 기체는 이상기체에 가깝다. 기체의 부피를 V로 쓰고 알갱이 수를 N으로 쓰면 이 법칙은

$$V = eN$$

으로 표현할 수 있다. 여기서 e는 비례 상수인데 기체의 압력과 온도가 고정되면 기체에 따라 달라지지 않는다. 달리 표현해 압력과 온도가 바뀌지 않는 한 기체의 부피와 그 안 알갱이 수의 비 V/N는 일정하다.

아보가드로 법칙에 따르면 기체를 이루는 알갱이가 무엇이든 기체 안에 담긴 알갱이 개수에 따라 그 기체의 부피가 결정된다. 기체는 크게 홑원자 기체와 다원자 기체로 나

눌 수 있다. 다원자 기체는 분자 알갱이들로 이뤄진 기체다. 홑원자 기체는 원자 알갱이 하나가 따로따로 운동하며 기체를 이룬다. 아보가드로 법칙에서 알갱이는 원자 알갱이 또는 분자 알갱이다. 홑원자 기체의 경우 그 알갱이는 '원자 알갱이'고 다원자 기체의 경우 그 알갱이는 '분자 알갱이'다.

당연히 알갱이들은 질량이 작은 것부터 큰 것까지 여러 가지고 크기가 작은 것부터 큰 것까지 여러 가지다. 압력과 온도가 고정되면 특정 기체의 부피는 그 기체를 이루는 알갱이의 질량과 무관하고 그 알갱이의 크기와도 무관하다. 기체의 부피는 다만 그 기체를 이루는 알갱이 개수에만 상관한다. 이것은 이상기체가 무엇과 같은지를 어렴풋이 그려준다. 이상기체의 경우 알갱이 자체가 차지하는 부피는 기체의 부피를 좌우하지 못한다. 이것은 알갱이 자체의 부피가 작으면 작을수록 그 기체는 이상기체에 가깝다는 점을 말해준다. 또는 기체의 밀도가 작으면 작을수록 그 기체는 이상기체에 가깝다. 왜냐하면 밀도가 작으면 전체 부피에서 알갱이 자체가 차지하는 상대 부피는 지극히 작기 때문이다.

실제 기체에서 우리가 더 생각할 만한 사항은 알갱이와 알갱이 사이의 상호작용이다. 만일 알갱이와 알갱이 사이에 서로 끌어당기는 힘이 크게 미친다면 기체의 부피는 줄어든다. 만일 그들 사이에 서로 밀어내는 힘이 크게 미친다면 기체의 부피는 늘어난다. 알갱이 사이의 상호작용이 부피에 끼치는 영향은 운동에너지에 견주었을 때 그 상호작용 에너지가 얼마나 큰가로 가늠할 수 있다. '운동에너지'가 무엇인지는 나중에 따로 이야기하겠다. 나중에 드러나겠지만 기체의 온도가 고정되면 기체의 평균 운동에너지도 거의 고정된다. 운동에너지에 견주었을 때 알갱이들 사이의 상호작용을 무시할 수 있는 경우는 크게 두 가지다. 하나는 알갱이의 질량이 상당히 작은 경우고 다른 하나는 알갱이들이 대체로 매우 빨리 움직이는 경우다. 따라서 기체를 이루는 알갱이들이 가벼울수록 이상기체에 더 가깝고 그 알갱이들이 대체로 빨리 움직일수록 이상기체에 더 가깝다.

이제 이상기체의 부피, 압력, 온도, 알갱이 수 사이에 성립하는 법칙을 찾아야 할 때다. 이상기체의 부피, 압력, 온도, 알갱이 수 가운데 둘을 고정하면 나머지 둘 사이에 다음 관계가 성립한다.

PV = 일정

P/T = 일정

V/T = 일정

V/N = 일정

여기서 T는 절대온도 눈금으로 매긴 온도다. 이들 법칙은 차례대로 보일 법칙, 압력 법칙 곧 아몽통 법칙, 부피 법칙 곧 샤를 법칙, 아보가드로 법칙이다. 네 법칙의 좌변에 나오는 것을 모아 새로운 좌변 PV/NT를 만들면 이 값은 일정하다. 이 값을 k로 쓰겠는데 이를 "볼츠만 상수"라 한다.

$PV/NT = k$

여기서 k는 기체에 따라 다른 값을 갖지 않는다. 만일 이 법칙이 성립한다면 앞에 나오는 네 법칙이 왜 성립하는지를 한꺼번에 설명할 수 있다. "$PV/NT = k$" 또는 "$PV = kNT$"를 "이상기체 법칙" 또는 "이상기체 상태 방정식"이라 한다.

보일 법칙, 압력 법칙, 부피 법칙, 아보가드로 법칙으로부터 다음 논리를 써서 이상기체 법칙을 유도할 수 있다. 일단 우리는 기체 안 알갱이 수가 고정된 상황을 생각한다. 이 상황에서 만일 기체의 온도가 고정되지 않는다면 기체의 압력과 부피의 곱 PV는 온도에 따라 달라질 것이다. 보일 법칙에 따르면 온도까지 고정된다면 PV는 일정하다. 이는 PV가 온도에 따라서만 달라지며 기체의 다른 속성에 따라 달라지지 않음을 뜻한다. 달리 말해 오직 온도 값만 주어진다면 PV 값은 결정된다. 이를 두고 "PV는 온도만의 함수다"고 말한다. PV는 온도만의 함수이기에 PV를 T로 나눈 함수 PV/T도 온도만의 함수다. 달리 말해 PV/T는 압력에 따라 달라지지 않으며 부피에 따라 달라지지 않는다. 이 이야기는 기체 안 알갱이 수가 고정된 상황에서 이야기다.

마찬가지 논리를 써서 부피 법칙에 따라 V/T는 압력에 따라서만 달라지며 기체의 다른 속성에 따라 달라지지 않는다. 곧 V/T는 압력 P만의 함수다. V/T는 압력만의 함수이기에 V/T에 P를 곱한 함수 PV/T도 압력만의 함수다. PV/T는 부피에 따라 달라지지 않으며 온도에 따라 달라지지 않는다. 앞에서 PV/T는 압력에 따라 달라지지 않는다고 했다. 따라서 PV/T는 온도, 부피, 압력에 따라 달라지지 않는다. 이는 PV/T가 일정하다는 것을 뜻한다. 이를 "보일-샤를의 법칙"이라 한다. 물론 이 법칙은 기체 안 알갱이 수가 고정된 상황에서 성립한다.

보일-샤를의 법칙에 따르면 기체 안 알갱이 수가 고정된다면 PV/T는 일정하다. 하지만 기체 안 알갱이 수가 고정되지 않으면 PV/T는 달라진다. 이는 PV/T가 알갱이 수에 따라서만 달라지며 기체의 다른 속성에 따라 달라지지 않음을 뜻한다. 곧 PV/T는 알갱이 수만의 함수다. PV/T는 알갱이 수만의 함수이기에 PV/NT도 알갱이 수만의 함수여야 한다. 알갱이 수가 고정되었다면 PV/NT는 압력이나 부피나 온도에 따라 달라지지 않는다.

한편 아보가드로 법칙에 따르면 압력과 온도가 고정되면 V/N는 일정하다. 달리 말하면 V/N는 압력과 온도에 따라 달라지며 다른 것에 따라 달라지지 않는다. V/N이 압력과 온도만의 함수이기에 PV/NT도 압력과 온도만의 함수다. 앞에서 PV/NT가 알갱이만의 함수라고 했다. 결국 PV/NT는 압력과 온도만의 함수이고 또한 알갱이만의 함수다. 이것은 PV/NT가 알갱이 수에 따라 달라지지 않을 뿐만 아니라 온도나 압력에 따라서도 달라지지 않음을 뜻한다. 따라서 PV/NT는 일정하다. 이를 수식으로 표현하면 "$PV/NT = k$" 또는 "$PV = kNT$"다.

03장   열

사디 카르노는 열이 뜨거운 곳에서 차가운 곳으로 흐르는 동안 일이 생겨난다고 보았다. 그는 열 흐름을 물질 흐름 곧 열소 흐름으로 이해했고, 뜨거운 곳에서 열기관으로 들어온 열이 그대로 차가운 곳으로 빠져나간다고 생각했다. 하지만 열 흐름은 물질 흐름이 아니라 에너지 흐름이다. 또 열기관은 뜨거운 곳에서 열을 받아 일부는 일로 바꾸고 일부는 다시 차가운 곳으로 내보낸다. 카르노는 이를 모른 채 열기관이 일을 만들어내는 원리를 분석했다. 그의 분석 덕분에 '온도', '열', '에너지', '엔트로피' 개념이 더욱 또렷해졌다. 이 장에서는 열소, 카르노의 이론, 열역학 제1법칙을 해설한다.

0301. 일

자연 현상을 사물의 흐름으로 이해하는 일은 과학의 역사에서 매우 낯익다. 흐름에는 여러 가지가 있는데 알갱이, 에너지, 정보 따위가 있다. 이들 흐름은 각기 다른 방식으로 현상들을 설명한다. 일단 우리는 알갱이 흐름, 에너지 흐름, 정보 흐름이 서로 다른 것이라 가정한다. 에너지 흐름은 알갱이 흐름 없이 생길 수 있는가? 일단 우리는 알갱이 흐름 없이도 에너지 흐름이 생길 수 있다고 가정한다. '에너지' 개념은 쉽게 얻은 개념이 아니다. 이 개념을 곧장 정의하기는 어려우니 조금씩 차츰 이해하고자 한다. 먼저 에너지 흐름은 크게 두 가지로 나눌 수 있다. 하나는 '일'로서 흐르는 에너지다. 다른 하나는 '열'로서 흐르는 에너지다.

우리는 한 알갱이에 힘을 주어 그 알갱이를 한 위치에서 다른 위치로 옮길 수 있다. "힘을 주어 옮긴다"를 짧게 "일한다"고 표현한다. 알갱이한테 해준 일은 힘이 클수록 크고 옮긴 거리가 멀수록 크다. 이러한 '일' 개념은 광산 깊은 데서 광물을 들어 올릴 때 증기기관이 한 '일'을 셈하려는 계기에서 비롯되었다. 프랑스 물리학자 사디 카르노[1796-1832]는 1824년 논문에서 "엔진의 능력"을 '물체의 무게' 곱하기 '물체를 들어 올린 높이'로 나타냈다. 그는 이 값을 "움직이게

하는 힘"퓌상스 모트리스이라 했다. 이를 한자어로 "기동력", "원동력", "동력" 따위로 옮긴다. 물체를 위로 끌어올리려면 물체 무게만큼의 힘을 위쪽으로 그 물체에 미쳐야 한다. 여기서 무게는 질량이 아니라 힘인데 지구가 물체를 끌어당기는 힘이다. 프랑스 과학자 귀스타브 코리올리[1792-1843]는 1826년 책에서 '물체의 무게' 곱하기 '물체를 들어 올린 높이'를 증기 기관이 한 '일'트라바이로 정의했다. 오늘날에는 낱말 "동력"을 거의 쓰지 않고 그 대신에 낱말 "일"을 쓴다.

알갱이에 힘 F를 주어 알갱이를 거리 s만큼 움직였을 때 알갱이한테 해준 일 W는 F에 비례하고 s에 비례한다. 알갱이한테 힘을 준 것은 물리계 외부일 수 있고 물리계 내부일 수 있다. 알갱이를 뺀 나머지 공간이 힘 마당이었다면 힘 마당이 알갱이한테 힘을 미칠 수 있다. 힘 F가 알갱이한테 해준 일 W는 다음과 같이 정의된다.

$$W = F \cdot s$$

여기서 가운뎃점은 그냥 곱셈이 아니라 내적이다. 내적은 조금 어려운 셈인데 F의 방향과 s의 방향이 수직이면 0을 곱하고 같은 방향이면 1을 곱한다. 다른 경우는 0과 1 사이 또는 0과 -1 사이의 값을 곱한다. 힘을 준 방향과 같은 방향으로 물체를 옮길 때 가장 일을 많이 한 셈이다.

바깥에서 한 물리계에 일을 할 수 있고 그 물리계가 바깥에 일을 할 수도 있다. 여기서 '바깥'은 또 다른 물리계다. 에너지 흐름으로서 '일'을 정의할 때 누가 한 일인지 또렷이 밝혀야 한다. 이제부터 우리는 물리계가 바깥에 한 일을 W라 쓰겠다. 무엇보다 물리계는 자신의 부피를 늘림으로써 바깥에 일할 수 있다. 이런 일을 "이동 경계일" 또는 "경계일"이라 한다. 물론 물리계는 자신의 부피를 늘리지 않고도 일할 수 있다. 예컨대 물리계는 전기 힘이나 자기 힘을 바깥에 미침으로써 일하기도 한다. 우리는 갈 길이 머니 자신의 부피를 늘림으로써 일하는 방식만을 다루겠다.

한 물리계 ㄱ이 다른 물리계 또는 주변 환경 ㄴ과 맞닿았다. 물리계 ㄱ은 물리계 ㄴ과 맞닿은 표면적 A에 압력 P를 미침으로써 자신의 부피를 늘린다. 불어난 부피를 ΔV라 쓸 수 있는데 Δ는 '변화량' '늘어난 양'을 뜻한다. 이 경우에 물리계 ㄱ이 물리계 ㄴ에 해준 일을 셈하려 한다. 압력 P는 단위 면적에 미치는 힘이다. 압력 P에 그 압력이 미치는 면적 A를 곱하면 그 면적 전체에 미치는 힘이 나온다. 따라서 물리계 ㄱ이 물리계 ㄴ의 경계에 미치는 힘은 PA와 같다. 그 힘을 미쳐 물리계 ㄴ의 경계를 s만큼 움직였다. 이 경우 물리계 ㄱ은

As만큼 부피가 늘어났으니 ΔV는 As다. 이때 물리계 ㄱ이 바깥 물리계 ㄴ에 한 일 W는 Fs와 같다. Fs는 PAs와 같은데 As 대신에 ΔV를 넣어 "$W = P\Delta V$"를 얻는다. 따라서 한 물리계가 자신의 경계에 압력 P를 미쳐 자신의 부피를 ΔV만큼 늘였을 때 그 물리계가 한 일은 $P\Delta V$다. 이때 한 일은 이동 경계 일이다.

0302. 열

물리계 안팎으로 알갱이가 흐르지 않고 그 물리계의 부피 변화도 없다면 그 물리계는 일하지 않는다. 하지만 이 상황에서도 물리계 안팎으로 에너지가 흐를 수 있다. 이 경우의 에너지 흐름이 곧 열 흐름이다. '열'은 한 물리계에서 다른 물리계로 흐르는 무엇이다. 물리학자들은 열 흐름이 물질 흐름인지 에너지 흐름인지 오랫동안 헷갈렸다. 열 흐름을 알갱이 흐름이 아니라 에너지 흐름으로 여기는 일 자체가 물리학에서 엄청난 진보였다.

'대류'는 질량 있는 알갱이가 한 물리계에서 다른 물리계로 옮겨감으로써 에너지가 흐르는 것이다. '복사'는 질량 없는 빛알이 한 물리계에서 다른 물리계로 옮겨감으로써 에너지가 흐르는 것이다. '전도' 또는 '열전도'는 질량 있는 알갱이든 질량 없는 빛알이든 알갱이가 흐르지 않은 채 에너지가 흐르는 것이다. 엄밀히 말해 열전도도 빛알이 옮겨가는 것으로 볼 수 있다. 하지만 우리는 '열전도'를 두 물리계가 투열벽으로 열 접촉한 채 두 물리계 사이에 에너지가 흐르는 것으로 정의하겠다. 이 점에서 진정한 열 흐름은 열전도다.

물리계는 일로 에너지를 잃거나 얻을 수 있으며 열로 에너지를 잃거나 얻을 수 있다. 하지만 한 물리계가 일을 갖는다거나 열을 갖는다고 말하는 것은 오해를 일으킨다. '일'과 '열'은 다만 물리계와 물리계의 경계에서 전달되는 에너지다. 다시 말해 일과 열은 물리계의 상태가 아니라 물리계들 사이에서 일어나는 과정이다. 이 점에서 "한 물리계의 전체 일"과 "한 물리계의 전체 열"은 잘못된 표현이다. 다만 "한 물리계의 전체 열"을 '한 물리계의 전체 열에너지'로 이해하면 이 표현은 잘못되지 않았다.

두 물리계의 온도가 같을 때 열은 흐르지 않는다. 두 물리계 사이에 열이 흐른다면 두 물리계의 온도는 다르다. 이것은 우리의 어렴풋한 '온도'와 '열' 개념에서 비롯된 법칙 또는 정의다. 이제 열이 흐르는 방향을 정해야 한다. 열이 한 물리계로 흘러오면 그 물리계의 온도는 높아지는가 낮아지는가? 이것은 선택의 문제다. 우리는 물리계 안으로 열이 흘러오면 그 물리계의 온도가 높아진다고 가정한다. 사실 우리는 이와 같은 방식으로 온도계 눈금을 매겨 왔다. 하지만 차가워질수록 더 큰 값을 갖도록 온도계 눈금을 매긴 역사도 있었다.

우리 가정에 따르면 물체에 열을 주면 물체의 온도는 높아지고 물체에서 열이 나가면 물체의 온도는 낮아진다. 온도가 높은 물리계 ㄱ과 온도가 낮은 물리계 ㄴ이 열 접촉한다. 나중에 둘의 온도는 같아질 텐데 ㄱ의 온도는 낮아지고 ㄴ의 온도는 높아진다. 만일 온도가 낮은 쪽에서 높은 쪽으로 열이 흐른다면, 열이 물리계 ㄴ에서 물리계 ㄱ으로 흘러들었는데도 물리계 ㄱ의 온도는 낮아진 셈이다. 이것은 우리 가정과 어긋난다. 따라서 열은 온도가 높은 쪽에서 온도가 낮은 쪽으로 흘러야 한다. 이것은 실제 우리 경험과 잘 어울린다. 우리 몸보다 더 차가운 것을 만질 때 우리는 열이 우리한테서 빠져나가는 느낌을 느낀다. 우리 몸보다 더 뜨거운 것을 만질 때 우리는 열이 우리 안으로 들어오는 느낌을 느낀다. 하지만 물리학 이론을 모르는 이의 경험을 듣는다면 자기 몸보다 더 차가운 것을 만질 때 그는 '냉'이 자기 몸으로 들어오는 느낌을 느낀다고 말할 것이다.

'열원'은 거기서 열이 빠져나오는 물리계다. 온도가 더 낮은 물리계 쪽에서 볼 때 온도가 더 높은 물리계는 자신의 열원이다. 이 점에서 물리계 ㄱ은 물리계 ㄴ에게 열원에 해당한다. 우리 생활에서 가장 낯익은 열원은 '불'이다. 우리가 추울 때 불을 쬐는 까닭은 우리 몸 안으로 열이 들어와 우리 체온을 높이기를 바라기 때문이다. 한편 열 흐름이 에너지 흐름이면 열이 들어오는 일은 에너지를 얻는 과정이다. 따라서 한 물리계 안에 열이 들어오면 에너지를 얻고 온도는 더 높아진다. 한 물리계 바깥으로 열이 빠져나가면 에너지를 잃고 온도는 더 낮아진다.

이제 '열의 양' 곧 '열량'을 재는 단위 "칼로리"를 정의한다. "1칼로리"는 물 1그램을 1도씨만큼 올리는 데 필요한 열의 양이다. 열량을 이렇게 정의한 이는 1824년 프랑스 물리학자 니콜라스 클레망[1779-1841]이다. 그는 사디 카르노와 함께 열이 얼마큼의 '동력'을 낳을 수 있는지를 탐구했다. 이들의 연구는 열과 에너지 사이의 관계를 드러내는 밑바탕이 되었다. 본디 프랑스 낱말 "칼로리"는 '따듯함' '뜨거움' '열'을 뜻하는 라틴 낱말 "칼로르"에서 왔다. "칼로르"는 '나는 따뜻하다' '나는 뜨겁다'를 뜻하는 "칼레오"에서 왔는데 이는 인도유럽 할머니말 "켈흐"에서 비롯되었다. 아주 옛날부터 사람들은 '따뜻하다'나 '뜨겁다' 개념을 가졌다.

물 10그램을 10도씨만큼 더 올릴 수 있는 열은 100칼로리고 물 1킬로그램을 20도씨만큼 더 올릴 수 있는 열은 20,000칼로리다. 하지만 10도씨 물 1그램을 11도씨로 올리는 데 필요한 열량은 20도씨 물 1그램을 21도씨로 올리는 데 필요한 열량과 같은가? 이것이 똑같다는 보장이 없다면 "1칼로리"를 정의할 때 그 물이 몇 도씨 물인지 미리 규정해야 한다. 나아가 물이 놓인 곳의 대기압력에 따라 물의 온도 변화가 달라질 수 있다. 오늘날 "1칼로리"는 '1기압에서 14.5도씨의 물 1그램을 15.5도씨로 올리는 데 필요한 열량'으로 정의한다. 0도씨 물 1그램과 100도씨 물 1그램을 섞으면 대략 50도씨 물 2그램을 얻는다. 스코틀랜드의 화학자 조지프 블랙[1728-1799]은 0도씨 물 1그램 안에 100도씨 금 1그램을 넣으면 물과 금의 온도가 50도씨에 훨씬 미치지 못함을 알게 되었다. 이는 1도씨만큼 더 높이는 데 필요한 열량이 물질마다 다름을 말해준다. 이 점에서 물질의 한 성질로서 "비열"을 정의할 수 있다. '비열' 또는 '견줌 열용량'은 1그램 물질을 1도씨만큼 더 높이는 데 필요한 열량이다. 물질마다 비열은 다를 수 있으며 나아가 한 물질이라도 온도마다 비열이 달라질 수 있다. 1기압 14.5도씨에서 물의 비열은 1이다.

'열량계'는 열량을 재는 장치다. 낱말 "열량계"를 처음 만든 이는 아마도 라부아지에다. 가장 간단한 열량계는 물과 온도계만으로 만들 수 있다. 일정 질량의 물을 그릇에 담고 여기에 열을 준 뒤 이 물의 온도 변화를 잰다. 이 온도 변화만으로 이 물에 들어간 열량을 잴 수 있다. 물론 물을 담은 그릇은 열원과 맞닿은 부분을 빼고 다른 곳을 단열벽으로 감싸야 한다. 블랙은 열량을 더 정확히 재는 방법을 얻었다. 그는 열을 주어 0도씨 얼음을 0도씨 물로 바꾸려 할 때 온도가 좀처럼 올라가지 않는 현상을 발견했다. 이 현상은 열을 주어 100도씨 물을 100도씨 김으로 바꾸려 할 때도 나타났다. 열이 온도를 높이지 못하고 숨어버렸다. 그는 1762년 이때의 열을 "숨은열" 또는 "잠열"이라 했다. 그는 숨은열을 써서 열량을 재는 장치를 만들었는데 이른바 '얼음 열량계'다.

0303. 열소

열은 크게 두 가지로 이해할 수 있다. 하나는 열을 유체나 알갱이로 여기는 길이다. "칼로릭"이나 "열소"는 이 유체 또는 알갱이를 부르는 이름이다. 다른 하나는 열을 운동으로 여기는 길이다. 영국 철학자 프랜시스 베이컨[1561-1626]은 운동 때문에 열이 발생한다고 주장했다. 오늘날에는 열을 주로 운동 또는 에너지로 이해한다. 하지만 이것도 더 깊게 파고들면 마지막 정답은 아닐 수 있다. 오늘날 에너지 흐름은 빛알 흐름이나 중력알 흐름으로 이해한다. 이 점에서 열을 알갱이로 이해하는 것이 완전히 잘못된 생각이지는 않다.

'칼로릭이론' 또는 '열소이론'은 열을 유체나 알갱이로 이해한다. 열소이론은 다시 두 가지로 나뉜다. 하나는 열소를 알갱이로 이해한다. 다른 하나는 열소를 '흐르는 물질' 곧 유체로 이해한다. '원자' 개념에 따르면 원자는 확실히 알갱이의 일종이다. 20세기 이후에는 '원소'도 흔히들 원자 알갱이나 분자 알갱이로 여긴다. 하지만 '원소' 개념에 따르면 원소는 굳이 알갱이가 아니어도 된다. 이 때문에 열소를 원소로 여기더라도 열소를 알갱이로 여기지 않을 수는 있다. 아무튼 열소를 알갱이로 이해하는 것과 알갱이 아닌 유체로 이해하는 것 사이에 미묘한 차이가 있다.

엠페도클레스와 데카르트는 물질이 모든 물리 공간을 꽉 채운다고 생각했다. 이들은 한 물질이 다시 무한히 작게 쪼개질 수 있고 무한히 많은 더 작은 물질이 물질 사이를 채운다고 믿었다. 하지만 갈릴레이는 알갱이들 사이에 '아주 작은 빈틈' 곧 '미세진공'이 있으리라 생각했다. 그는 미세진공으로 물질의 접착력과 몇몇 저압력 현상을 설명했다. 엠페도클레스와 데카르트에 따르면 물질에는 작은 구멍이 있는데 이 구멍 안으로 작은 물질이 드나든다. 이 가정을 바탕으로 엠페도클레스는 나름의 인지이론을 세웠다. 데카르트도 그 가정을 써서 낙하 현상과 자기 현상을 나름대로 설명했다. 열소이론가들에 따르면 열소는 물질에 있는 작은 구멍 사이를 드나드는 아주 작은 물질이다.

열소이론을 만든 이는 라부아지에다. 라부아지에 당시에 연소 현상은 물질에서 플로기스톤이 빠져나가는 일로 이해되었다. 그는 연소 현상을 물질이 산소와 결합하는 일로 이해했다. 하지만 그는 여전히 열을 물질로 이해했다. 그는 화학 반응에서 일어나는 다양한 변화들 특히 온도 변화를 이해하려면 별도의 물질이 있어야 한다고 믿었다. 그는 그 물질이 너무 작아 느끼기 어려운 "미묘한 유체"며 "불 비슷한 유체"라고 생각했다. 그는 프랑스 화학자 기통 드 모르보[1737-1816] 및 클로드 루이 베르톨레[1748-1822] 등과 함께 화학 물질의 명명법을 체계화했다. 이 내용을 1787년에 출판된 『화학 명명법』에 담았는데 여기서 그 '미묘한 유체'를 "칼로리크"라 했다. 다음 해 이 낱말은 영국 낱말로 "칼로릭"으로 옮겨졌고 우리는 이를 "열소"로 옮긴다.

이미 조지프 블랙은 증기기관이 일하는 방식을 설명하려고 1770년 열의 알갱이 이론을 제안했다. 카르노는 열소에 바탕을 둔 블랙의 설명 방식을 채택했다. 피에르시몽 라플라스는 라부아지에와 함께 쓴 1783년 논문에서 열의 운동 모형과 알갱이 모형이 둘 다 열 현상을 똑같이 잘 설명한다고 썼다. 한편 그는 온도를 '열소의 밀도'나 '열소의 압력'으로 정의하려 했다. 부피와 질량 같은 것은 크기 물리량이지만 물질의 압력과 밀도는 세기 물리량이다. 온도는 크기 물리량이 아니라 세기 물리량이다. 이 때문에 온도를 물질 안에 든 '열소의 밀도'나 '열소의 압력'으로 정의하면 온도가 세기 물리량임을 잘 드러낼 수 있다.

1789년에 출판된 『화학 원론』에서 라부아지에는 열소를 물질세계를 이루는 33가지 원소들 가운데 하나로 여겼다. 질량보존법칙을 제안한 사람답게 그는 물질세계 전체에서 열소의 총량은 보존된다고 믿었다. 나아가 그는 물질들 사이에 열소가 가득 차 있다고 주장했다. 때때로 열소는 물체 안에 박혀 잘 빠져나오지 않는다. 물체가 열소를 많이 품으면 유동성이 커져 고체 물질은 액체가 되고 액체 물질은 기체가 된다. 라부아지에 이전의 몇몇 자연과학자는 '에테르'가 이런 일을 맡는다고 생각했다.

열소들 사이에는 밀어내는 힘이 미친다. 이 때문에 열소를 많이 품은 기체는 부피가 커지고 압력이 커진다. 이는 기체에 열을 주면 기체의 압력이 높아지고 부피가 늘어나는 현상을 설명해준다. 더구나 무슨 기체든 온도 증가에 따른 부피 증가가 비슷한데 이는 온도 증가에 따른 똑같은 양의 열소 증가로 설명할 수 있다. 또한 열소들을 너무 많이 품은 물체에서는 열소가 저절로 물체 바깥으로 튀어나온다. 이는 뜨거운 물체가 차츰 식는 현상을 설명해준다. 반면 열소와 다른 물질 사이에는 끌어당기는 힘이 미친다. 이 때문에 한 물체 안에 열소가 적게 담기면 주위에서 여분의 열소를 물체 안으로 끌어당긴다. 결국 열소를 많이 품은 물체에서 열소를 적게 품은 물체로 열소 스스로 움직이는 셈이다. 이는 열이 뜨거운 물질에서 차가운 물질로 저절로 움직이는 현상을 설명해준다.

섭씨 온도 짜임을 만든 셀시우스는 처음에 물의 끓는점을 0도씨로 매기고 물의 어는점을 100도씨로 매겼다. 그에게 온도는 따뜻함의 정도가 아니라 차가움의 정도였다. 그에게 차가움은 무언가의 없음이 아니라 무언가의 있음이다. 열 현상이 열소 알갱이에서 비롯된 현상이듯 냉 현상은 냉소 알갱이에서 비롯된 현상일 것 같다. 뜨거움을 알갱이의 움직임으로 이해했던 프랜시스 베이컨은 차가움을 움직임의 없음으로 이해하지 않았다. 그에게 차가움은 특수한 유형의 움직임이다. 그에 따르면 뜨거움은 불어나거나 늘어나는 움직임에서 비롯되고 차가움은 쪼그라들거나 줄어드는 움직임에서 비롯된다.

프랑스 철학자 피에르 가상디[1592-1655]는 데모크리토스의 원자주의를 받아들였다. 일찍이 데모크리토스는 원자의 모양과 운동으로부터 젖음, 마름, 차가움, 뜨거움이 비롯된다고 보았다. 가상디는 '뜨거운 원자'뿐만 아니라 '차가운 원자'가 있다고 주장했다. 물론 "뜨거운 원자"는 원자 자체가 뜨겁다는 뜻이 아니라 그 원자가 뜨거움을 낳는다는 뜻이다. 마찬가지로 "차가운 원자"는 그 원자가 차가움을 낳는다는 뜻이다. 가상디에게 차가운 원자는 모난 모양을 갖고 느리게 움직여서 다른 알갱이의 운동을 누그러뜨린다.

스위스 과학자 마크오귀스트 픽테[1752-1825]는 1791년 뜨거운 물체에서 나오는 열이 거울에 반사된다는 사실을 알게 되었다. 열이 거울에 반사되어 멀리 있는 온도계의 온도를 높였다. 이 열은 사실 적외선 또는 넘빨강살인데 당시에는 아직 전자기파가 무엇인지 알려지지 않았다. 빅테의 실험에서 더 놀라운 것은 차가운 물체에서 나오는 무엇을 거울로 반사함으로써 멀리 있는 온도계의 온도를 낮출 수 있다는 점이었다. 장하석에 따르면 이 실험은 루이 베르트랑[1731-1812]의 제안으로 이뤄졌다. 빅테가 베르트랑과 이야기할 때는 차가움은 그냥 따뜻함의 없음이기에 차가움이 반사될 수 없다고 주장했다. 실험 결과는 빅테의 주장이 틀렸음을 보여주었다. 하지만 빅테는 이 실험 결과를 온도계에 있던 따뜻함이 거울을 거쳐 차가운 물체에 빨려 들어간 것으로 설명했다. 이처럼 열소든 냉소든 그것이 있는지 없는지 측정과 실험만으로 결정하기 어렵다.

영국 물리학자 럼퍼드 백작 곧 벤저민 톰슨[1753-1814]은 군인으로서 한때 뮌헨의 무기 공장에서 일했다. 그때 그는 마찰로 엄청난 양의 열이 생겨난다는 사실을 눈여겨보았다. 대포를 만들려면 쇠를 갈아서 깎아야 한다. 대포를 깎을 때 물을 펄펄 끓일 만큼 엄청난 열이 끊임없이 생겨난다. 만일 열이 물질 알갱이면 작은 물질에서 그렇게 많은 물질이 생겨나는 셈이다. 럼퍼드 백작은 그 엄청난 양의 열을 엄청난 양의 열소 알갱이로 설명하기보다는 열을 운동으로 여기는 것이 더 낫겠다 싶었다.

열소이론에 따르면 물체 안에 열소가 매우 많으면 물체는 엄청난 유동성을 지녀야 한다. 만일 쇠붙이 안에 그토록 많은 열소가 담겼다면 어떻게 그 쇠붙이는 녹지 않고 딱딱함을 유지할 수 있는가? 럼퍼드는 이를 설명할 길이 없었고 열소이론 자체가 거짓이라 생각했다. 그는 1798년 논문 「마찰로 생기는 열의 원천에 관한 실험 탐구」에 자신의 발견과 새로운 열이론을 발표했다. 그는 불을 지피지 않고 말의 힘으로 매우 많은 열을 낼 수 있기에 앞으로 부엌에서도 이 방법으로 열을 얻을 수 있으리라 예견했다. 물론 당시에는 말에 먹일 풀을 태워 열을 얻는 것이 더 효율이 높았다. 나중에 독일 물리학자 폰 마이어$^{1814-1878}$는 1841년 무렵 풀의 양분, 말의 일, 열로 이어지는 사슬에 담긴 에너지보존법칙을 제안한다.

럼퍼드의 탐구는 곧장 열소이론을 무너뜨리지는 못했다. 열소이론을 믿는 이들은 마찰로 열이 생기는 일을 물질에서 숨은 열소가 빠져나오는 일로 여겼다. 그들은 물질 안에 엄청나게 많은 열소가 묶여 있고 숨어 있다고 주장했다. 나아가 그들이 열소는 질량을 거의 갖지 않는 물질이라 주장한다면 질량보존법칙을 어기지 않은 채 럼퍼드의 현상을 충분히 이해시킬 수도 있다. 럼퍼드는 물질 자체가 어떤 식으로 이뤄졌는지 또렷이 알 길이 없었다. 그는 기체 안 알갱이들이 공간을 이리저리 움직인다고 생각하지 않았다. 그는 기체 안 알갱이가 에테르로 채워진 공간의 어느 한 곳에 고정된 채 떨림 운동을 한다고 생각했다. 그는 온도가 이들 알갱이의 진동수와 관계되었으리라 추정했다.

0304. 열기관

프랑스 정부는 앙리 빅토르 르뇨[1810-1878]에게 증기기관을 더 잘 이해하는 데 필요한 실험 자료를 만들어달라고 요청했다. 르뇨는 이 연구 기획을 수행하면서 온도를 측정하는 일을 개선하고 그 한계를 추적했다. 그는 가설, 추측, 이론을 되도록 가정하지 않은 채 실험 자료를 쌓아갔다. 장하석은 그의 탐구 자세가 "반형이상학"을 넘어선 "반이론"이었다고 말한다. 윌리엄 톰슨 곧 켈빈[1824-1907]은 파리로 건너가 르뇨의 실험 조교가 되었다. 이미 그는 단순히 온도계를 만들어 온도를 측정하는 것만으로 '온도' 개념이 더 또렷해질 수 없음을 깨달았다. 그에게 필요한 것은 측정 자료를 넘어선 새로운 이론이었다. 켈빈이 이 작업을 하면서 바탕을 둔 이론은 사디 카르노[1796-1832]의 이론이다.

열기관은 열을 일로 바꾸는 기관이다. '일'은 역학 개념이며 '온도'나 '열' 개념과 달리 매우 또렷하게 정의할 수 있다. 역학 개념 '일'을 써서 '열'과 '온도' 개념에 접근할 수 있다면 온도와 열 이론을 얻는 데 큰 진보가 있으리라. 카르노의 구상은 매우 간단하다. 열은 언제나 높은 온도에서 낮은 온도로 흐른다. 이때 흘러간 열의 작용으로 일이 생긴다. 이렇게 하면 우리는 높은 온도 값, 낮은 온도 값, 흘러간 열, 만들어진 일 사이의 관계를 얻을 수 있다. 이 관계로부터 '열'과 '온도' 개념을 얻는다.

카르노, 르뇨, 켈빈 시대의 열기관은 증기기관이다. 물을 증기로 만들면 김이 생겨 부피가 늘어난다. 부피가 늘어남으로써 나들통실린더의 나들개피스톤가 움직인다.

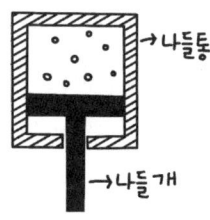

나들개가 힘을 갖고 일정 거리를 움직이면 증기기관은 바깥에 일하게 된다. '일' 개념 자체는 처음에 증기기관이 중력을 거슬러 물체를 위로 들어 올릴 때 하는 무엇으로 정의되었다. 카르노는 1824년 책 『불의 동력 및 이 동력을 키우는 데 알맞은 기계에 관한 고찰』에서 이 개념을 만들었다. 이 개념 덕분에 온도와 열에 관한 체계 잡힌 이론 곧 '열역학'이 열렸다.

카르노는 1824년의 책을 스물여덟 살에 자기 돈을 써서 출판했다. 이 책의 가치를 알아보는 사람이 나타나기까지 10년이 걸렸는데 카르노가 이미 죽은 2년 뒤였다. 이 책에서 카르노가 쓴 낱말은 "일"이 아니라 "움직이게 하는 힘" 곧 "동력"이다. 여기서 "힘"은 프랑스말로 "퓌상스"puissance인데, 영어로 "파워"power로 옮기고 독일말로 "크라프트"Kraft로 옮긴다. 이들 낱말 "퓌상스", "파워", "크라프트"는 나중에 낱말 "에너지"가 유행하기 전에 '에너지'를 뜻하는 낱말로 각 나라에서 쓰였다.

사디 카르노의 아버지 라자르 카르노[1753-1823]는 물레방아의 움직임을 분석한 논문 「기계 일반론」을 1780년에 발표했다. 1803년에는 『평형과 운동의 근본 원리』를 발표하여 기계공학의 기초를 놓았다. 이 책에서 그는 기계가 작동하는 동안 "활동 모멘트"가 줄어든다고 주장했다. 오늘날 표현을 쓰면 이는 '일할 수 있는 에너지'가 줄어든다는 주장이다. '활동 모멘트' 개념은 나중에 루돌프 클라우지우스[1822-1888]의 엔트로피 개념으로 정교화된다. 활동 모멘트의 감소는 곧 엔트로피의 증가다. 물론 라자르는 에너지보존법칙을 아직 인식하지 못했기에 활동 모멘트의 감소가 그냥 에너지의 감소를 뜻하는지 엔트로피의 증가를 뜻하는지 또렷하지 않다.

아들 사디 카르노는 증기기관이 혁명을 몰고 오고 있음을 깨달았다. 그는 증기기관을 이용한 교통수단이 발전하면 국경 개념이 희미해지고 세계가 하나로 통합되리라 예견했다. 그는 자기 나라 프랑스가 영국보다 더 효율이 높은 증기기관을 개발하기를 바랐다. 그는 열기관이 일하는 방식이 물레방아가 일하는 방식과 비슷하다고 생각했다. 물레방아는 무게를 가진 물체 곧 물이 위에서 아래로 '떨어지면서' 생기는 동력으로 일하는 기관이다. 카르노에 따르면 증기기관에서는 물 대신에 열소가 동력을 일으킨다.

물은 무게를 갖는 물질이고 열소는 열을 가진 물질이다. 카르노에게 증기기관은 열소들이 온도가 높은 곳에서 온도가 낮은 곳으로 떨어지면서 생기는 '동력'으로 일하는 기관이다. 물레방아에서는 물 자체가 위치가 높은 곳에서 위치가 낮은 곳으로 아래로 떨어진다. 증기기관에서는 온도가 높은 물체에서 온도가 낮은 물체로 열소들이 '아래로' 떨어진다. 그는 열을 써서 일을 만들어내려면 열기관의 순환 과정에서 온도 차이가 있어야 함을 제대로 깨달았다. 이윽고 그는 열기관의 최대 효율을 결정하는 요소를 찾아냈다. 그것은 열기관의 구조가 아니고 연료도 아니고 순환 물질도 아니고 다만 열기와 냉기의 온도 차이였다.

프랑스 광산 공학자 에밀 클라페롱[1799-1864]은 1834년에 출판된 논문 「열의 동력에 관한 메모」에서 카르노 이론을 해설했다. 그는 카르노의 책에 나오는 낱말 "불"을 그의 보고서

제목에서는 낱말 "열"로 바꾸었다. 그는 카르노가 이야기하는 이른바 "카르노 순환"을 그래프로 나타냈다. 이 그래프를 오늘날 "클라페롱 그래프"라 한다.

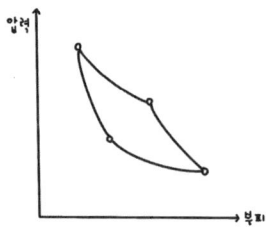

이 그래프는 부피 축과 압력 축 안에 그려진 닫힌 곡선이다. 이미 제임스 와트[1736-1819]의 조수 존 서던은 1796년 증기기관의 성능을 관리하려고 나들통실린더 안의 압력과 부피 변화를 추적하는 역학 장치를 개발했다. 이를 "지침 그림"indicator diagram 또는 "지압선도"라 한다. 클라페롱은 기업 비밀로 감춰졌던 이 그림을 본 듯하다. 그는 1843년 논문에서 오늘날의 열역학 제2법칙과 비슷한 진술로 카르노의 이론을 표현했다. 같은 해 독일 물리학자 요한 포겐도르프[1796-1877]는 클라페롱의 그 논문을 독일말로 옮겼다.

　루돌프 클라우지우스는 독일말로 옮겨진 클라페롱의 논문을 읽고 카르노의 이론을 알게 됐다. 그는 1850년에 발표된 논문 「열의 동력과 이로부터 연역될 수 있는 열 자체의 본성에 관한 법칙」에서 카르노의 이론이 에너지보존법칙을 어기는 것 같다고 의심했다. 하지만 카르노 이론은 에너지보존법칙을 어기지 않도록 수정될 수 있다. 클라우지우스는 카르노 이론이 말해주는 법칙이 에너지보존법칙이 아니라 새로운 열역학 법칙임을 또렷이 깨달았다. 그는 1854년 논문 「열의 역학 이론에서 둘째 근본 정리의 고친 모습」에서 두 개의 열역학 법칙을 새로 정식화했다. 그는 우리가 이미 가진 열 개념에 바탕을 두고 열역학 제2법칙을 표현했다. 그것은 열이 더 차가운 곳에서 더 따뜻한 곳으로 저절로 흐르지 않는다는 직관이다. 그는 1865년 논문 「열의 역학 이론 및 이를 증기기관과 물체의 물성에 적용함」에서 '엔트로피' 개념을 새로 만들어 열역학 제2법칙을 더욱 세련되게 표현했다.

    카르노의 열기관 분석에서 어떻게 '절대온도' 개념과 '엔트로피' 개념이 생겨났는지를 천천히 이야기하려 한다. 증기기관은 열로 물을 데워 증기를 만들어 증기의 부피 증가 또는 압력 증가로 일을 하게 한다. 나들통 안 증기의 부피나 압력이 증가하면 나들통 안 증기가 나들개를 민다. 나들개가 일한 뒤 다시 제자리로 돌아오면 하나의 '사이클' 또는 '순환'이 끝난다. 근데 나들개가 제자리로 돌아오려면 증기의 부피나 압력이 줄어야 한다. 보통의 증기기관은 증기를 빼내거나 식혀 나들통 안 증기의 압력을 줄인다. 가장 나은 것은 증기를 '응축'하여 다시 물로 바꾸는 것이다.

가열과 냉각의 순환을 거쳐 거듭 일하는 증기기관을 처음 발명한 이는 아마도 프랑스 물리학자 드니 파펭[1647-1712]이다. 그는 1676년부터 1679년까지 보일과 함께 일하며 압력솥 비슷한 것을 만들었다. 1693년 파리에서 하위헌스 및 라이프니츠와 함께 일하며 열기관을 연구했다. 그는 1690년 독일 마르부르크에 머무는 동안 나들개 증기기관 모형을 만들었다. 증기로 부피가 커지면서 나들개가 올라가고 차가운 물을 부어 증기를 식혀 부피가 줄면 나들개는 내려간다. 하지만 이 기관은 실용 용도로 쓸 수 없었다. 영국 공학자 토머스 세이버리[1650-1715]는 1698년 광산에서 물을 길어 올리는 데 쓰는 실용 증기기관을 발명했다. 그의 기관은 나들개가 없으며 단순히 압력 차이로 물을 길어 올리는 펌프였다. 그는 1702년의 책 『광부의 친구: 불로 물을 길어 올리는 기관』에 자신의 펌프를 소개했다. 하지만 그의 펌프는 광산에서 실제로 쓰일 만큼 충분히 개발되지는 못했다. 파펭은 세이버리의 기관을 참조하여 1705년 새로운 증기기관을 고안했다.

토머스 뉴커먼[1663-1729]은 아마도 파펭의 논문을 참조하여 더 개선된 증기기관을 1712년에 만들었다. 파펭의 기관은 나들통을 직접 가열하여 증기를 만들었지만 뉴커먼은 나들통과 보일러를 분리했다.

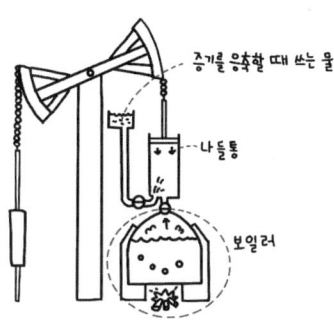

이렇게 만든 기관의 출력은 4킬로와트가 못 되었다. 이는 400 킬로그램 물체를 1초마다 1미터 위로 들어 올릴 수 있는 출력이다. 1730년의 뉴커먼 증기기관은 8킬로와트의 출력을 기록했다. 이 증기기관은 나들통 안에 물을 뿌려 증기를 응축한다. 증기에 물을 뿌려 증기가 갑자기 수축하면 나들통은 나들개를 당긴다. 뉴커먼의 증기기관은 이러한 당기는 힘을 활용해 일한다. 이 당기는 힘의 원천은 대기가 나들개를 누르는 힘 곧 대기압이다. 이 때문에 이런 기관을 "대기압 기관"으로 일컫는다.

　나들통 안에 물을 뿌려 증기를 응축하면 나들통 자체까지 식는다. 이 때문에 이 방식으로 증기를 응축하는 기관은 효율이 엄청나게 낮다. 당시 증기기관의 효율은 낮게는 0.5% 높게는 2% 정도밖에 되지 않았다. 제임스 와트는 이 응축 과정을 개선한 증기기관을 만들었다. 나들개를 움직이는 데 쓴 증기를 따로 별도 공간에 보내 거기서 증기를 응축했다. 그 별도 공간을 "분리 응축기"라 한다.

분리 응축기에서 약간의 물을 뿌려 증기를 응축하면 나들개의 나머지 증기도 그곳으로 몰려와 응축된다. 분리 응축기 덕분에 나들개와 나들통 자체는 그다지 식지 않는데 기관의 효율은 4배 더 높아졌다. 제대로 작동하는 와트 증기기관이 탄광에 설치된 해는 1776년이다.

사디 카르노는 기관의 효율을 어디까지 끌어올릴 수 있는지를 연구했다. 하지만 와트의 증기기관은 너무 복잡해 여기서 일어나는 과정을 이론화하기 어렵다. 나들통 안의 증기를 물리계로 잡더라도 그 물리계를 이루는 물질이 자꾸 바뀐다. 카르노는 증기기관의 최대 효율을 탐구할 수 있도록 증기기관의 순환을 매우 단순화했다. 그의 단순화 덕분에 이론을 만드는 데 필요한 추상화가 이뤄졌다. 단순화된 그의 기관에서 나들개를 포함해 나들통 전체는 단열벽이나 투열벽으로 완전히 막혀 있다. 그의 기관에서 '일하는 물질'은 기관 안팎으로 드나들지 않으며 기관이 작동되는 동안 늘 보존된다. 또한 다른 물질이 그 기관 안으로 새로 들어오지도 않는다. 다만 그의 기관은 때때로 다른 열원과 열 접촉하고 때때로 단열될 뿐이다.

0305. 카르노 순환

열기관은 크게 나들통, 나들개, '일하는 물질'로 이뤄졌다. "일하는 물질"은 카르노가 쓴 표현인데 나들통 안에서 온도, 부피, 압력이 바뀌는 물질이다. 액체나 기체 같은 '유체'가 주로 쓰이기에 오늘날 이를 "작동유체"라 한다. 이상화된 열기관에서 일하는 물질은 주로 이상기체다. 열기관은 나들개를 움직임으로써 외부에 일한다. 나들개 자체는 일종의 단열벽이고 나들개의 움직임에 따라 기체가 그만큼 늘어나거나 줄어든다. 나들통은 단열벽과 투열벽으로 이뤄졌는데 나들통의 한 쪽 면만 투열벽이다.

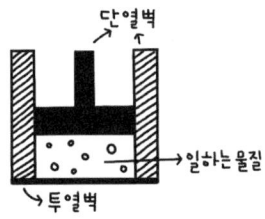

나들통과 나들개의 사소한 상태 변화는 무시한다. 우리는 다만 나들통 안 이상기체의 부피, 압력, 온도를 추적함으로써 열기관을 분석한다.

나들통의 투열벽은 바깥 환경과 열 접촉한다. 보통 이 환경은 열기관과 열 접촉해도 온도가 거의 바뀌지 않는다. 우리는 단순성을 극대화하려고 물리계와 열 접촉해도 그 온도가 아예 바뀌지 않는 가상의 환경을 가정하겠다. 이 가상의 환경을 "열에너지 저장조" "열저장조" "열저수지"라 한다. 이를 짧게 "열조"라 하겠다.

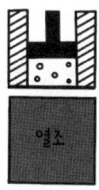

열조에는 크게 두 가지가 있다. 열이 열조 바깥으로 빠져나올 때 그 열조는 '열원' 또는 '열소스'다. 열이 열조 안으로 들어갈 때 그 열조는 '열침' 또는 '열싱크'다. 우리는 일온도 열기관과 이온도 열기관을 주로 분석할 것이다. 여기서 '일온도 열기관'은 하나의 열조하고만 열 접촉한 채 일한다. 반면 '이온도 열기관'은 두 열조와 열 접촉함으로써 일한다.

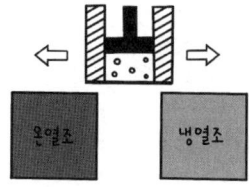

나중에 증명할 텐데 일온도 열기관은 원리상 불가능하다. 열기관은 반드시 적어도 두 열조와 열 접촉해야 한다. 이온도 열기관은 온도가 다른 두 열조와 열 접촉한다.

두 열조 가운데 '온열조'는 더 따뜻한 열조고 '냉열조'는 더 차가운 열조다. 보통의 열기관은 온열조를 열원으로 삼고 냉열조를 열침으로 삼는다. 열기관은 온열조에서 열을 뽑아내 일부를 일로 바꾸고 남은 일부를 냉열조로 보낸다. 반면 이른바 '냉기관'은 기관에 일을 해준 뒤 기관에서 열을 빼내는 장치다. 냉기관은 바깥에서 일을 받아 냉열조에서 열을 뽑아 그 열을 온열조로 보낸다. 따라서 냉기관은 냉열조를 열원으로 삼고 온열조를 열침으로 삼는다.

카르노는 열기관을 다루기 쉽도록 매우 단순화하고 이상화한다. 단순화한 그의 열기관을 "카르노 열기관"이라 하겠는데 이 기관은 이온도 열기관이다. 카르노 열기관은 두 열조와 열 접촉한다. 한 열조는 온도가 $T_높$인 열원이고 다른 열조는 온도가 $T_낮$인 열침이다.

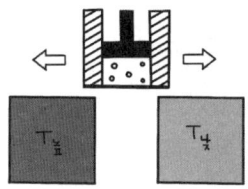

열원은 기체의 부피가 늘어나는 동안 열기관의 온도가 떨어지지 않게 한다. 열침은 기체의 부피가 줄어드는 동안 열기관

의 온도가 올라가지 않게 한다. 기체의 처음 온도는 $T_{높}$이며 가장 낮을 때는 $T_{낮}$까지 떨어졌다가 순환의 마지막에는 원래대로 $T_{높}$으로 돌아온다. 열원과 열침은 열조이기에 열기관과 열 접촉하는 가운데 온도가 바뀌지 않는다.

카르노 순환은 네 개의 '행정'으로 이뤄졌다. 첫째 행정에서는 열기관의 온도를 똑같이 유지한 채 기체가 팽창하며 일한다. 기체의 부피가 늘어나며 일할 때 보통 기체의 온도는 떨어진다. 하지만 기체는 $T_{높}$의 열원에 열 접촉하기에 기체의 온도는 $T_{높}$으로 유지된다. 온도를 똑같이 유지하며 부피가 늘어나는 과정을 "등온팽창"이라 한다.

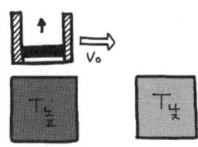

카르노 열기관의 기체는 이상기체이기에 "$PV = kNT$"가 성립한다. 카르노 기관에서 알갱이 수 N은 일정하다. 등온팽창 과정에서 온도 T는 일정하다. 따라서 카르노 기관의 등온팽창 과정에서는 기체의 압력 곱하기 부피 PV는 일정하다. 이 행정에서 열원으로부터 기체로 흘러들어온 전체 열의 양을 "Q"로 쓰고 기체가 한 일을 "W_1"로 쓰겠다.

둘째 행정에서는 열원과 열 접촉을 끊은 뒤 기체가 더

팽창하며 일한다. 이 행정은 열기관으로 열이 들어가지 않고 빠져나오지도 않는 단열 과정이다. 제임스 와트는 증기기관을 개선하는 과정에서 열기관에 열을 추가로 공급하지 않아도 증기의 압력이 대기압과 같아질 때까지 팽창하며 외부에 일할 수 있음을 알았다. 이를 오늘날 "단열팽창"이라 한다. 열을 추가로 주지 않은 상황에서 기체의 부피를 늘려 일하면 기체의 온도는 오히려 떨어진다. 이때 기체의 온도는 $T_높$에서 $T_낮$으로 떨어진다.

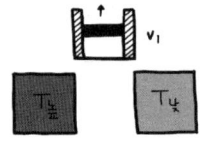

이 행정에서 기체 곧 열기관으로 흘러들어온 전체 열의 양은 0이다. 이 과정에서 열기관이 외부에 한 일을 "W_2"로 쓰겠다.

셋째 행정에서는 기체의 온도를 유지하며 바깥에서 기체한테 일을 해주어 기체를 압축한다. 기체를 압축하려면 외부에서 기체에 일을 해주어야 하는데 이때 해준 일을 "W_3"이라 하겠다. 이 경우 기체가 외부에 한 일은 $-W_3$이다. 기체를 압축하면 대체로 온도가 높아진다. 온도를 $T_낮$으로 유지하며 기체를 압축하려면 기체를 온도 $T_낮$의 열침과 열 접촉해야 한다. 이 과정은 등온 과정이고 압축 과정이기에 이를 "등온압축"이라 한다. 등온압축 과정에서도 기체의 압력 곱하기 부피 PV는 일정하다.

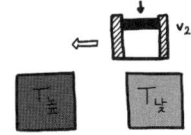

기체 곧 열기관에서 열침으로 빠져나간 열이 Q가 될 때까지 계속 압축한다. 카르노의 처음 이론에 따르면 첫째 행정에서 열기관으로 들어온 열 Q는 셋째 행정에서 열침으로 그대로 빠져나간다.

넷째 행정에서는 열침과 열 접촉을 끊은 뒤에 기체에게 일을 해주어 기체를 더 압축한다. 이때 외부에서 열기관에 해준 일을 "W_4"라 하면 기체가 외부에 한 일은 $-W_4$다. 이 행정은 열기관으로 열이 들어가지 않고 빠져나오지도 않는 단열 과정이다. 이 행정은 단열한 채 압축하는 과정이기에 "단열압축"이라 한다. 열이 바깥으로 흘러가지 않는 상황에서 바깥에서 일해주어 기체의 부피를 줄이면 기체의 온도는 오히려 높아진다. 이때 기체 온도는 $T_낮$에서 $T_높$으로 올라간다.

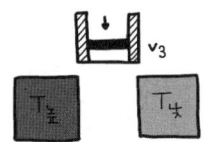

이 행정에서 열기관으로 흘러들어온 전체 열의 양은 0이다. 넷째 행정이 마치면 열기관의 나들통, 나들개, 기체는 첫째 행정이 시작될 때의 모습으로 되돌아간다. 이렇게 하나의 사이클 또는 순환이 마친다.

열기관이 외부에 한 일 W는 $W_1 + W_2 - W_3 - W_4$다. 카르노는 이 기관의 효율을 처음 입력된 열과 출력된 일의 비 W/Q로 정의했다. 클라페롱 그래프는 기관이 한 일 W를 셈하도록 돕는다. 부피 축과 압력 축 평면에 그려진 이 그래프는 닫힌 곡선이다. 이 닫힌 곡선 안쪽 면적을 셈하면 기관이 한 일 W를 셈할 수 있다.

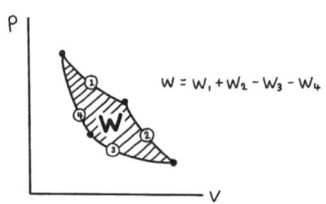

왜 그러한지 이해하려면 먼저 클라페롱 그래프 자체를 이해해야 한다. 한편 카르노 순환에서는 처음에 열이 Q만큼 열기관에 들어왔다가 다시 Q만큼 빠져나간다. 하지만 이는 잘못된 생각이다. 처음에 열원으로부터 Q의 열이 열기관으로 들어오면 W만큼 일한 뒤에 '$Q-W$'만큼의 열만 열침으로 빠져나간다. 카르노는 아직 에너지보존법칙을 완전히 파악하지 못했고 다만 물질로서 열소가 보존된다고만 생각했다.

0306. 클라페롱 그래프

평면 그래프는 두 개의 축을 갖는다. 가로축 또는 X축을 부피 축으로 삼겠다. 부피 값은 왼쪽에서 오른쪽으로 가며 커진다. 세로축 또는 Y축을 압력 축으로 삼겠다. 압력 값은 아래쪽에서 위쪽으로 올라가며 커진다.

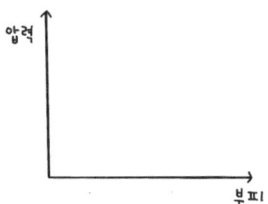

여기에 한 기체의 부피와 압력 변화를 직선이나 곡선으로 그리려 한다. 이 직선이나 곡선을 "부피-압력 그래프"라 한다.

부피가 바뀌지 않는 과정 예컨대 부피 값과 압력 값이 (1, 1), (1, 2), (1, 3) 따위로 바뀌는 과정을 "등적과정"이라 한다. "등적"에서 "등"은 '같다'를 뜻하고 "적"은 '부피'를 뜻한다. 등적과정을 그래프로 나타내면 아래와 같다.

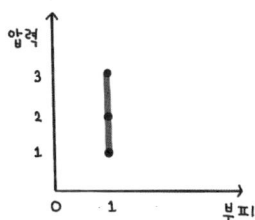

부피가 고정되었는데 압력이 높아지는 일은 외부에서 열을 주어 기체의 온도를 높일 때 일어난다. 이상기체 법칙 "$PV = kNT$"에서 V를 고정한 채 P를 높이려면 T를 높여야 한다. 한편 등적과정에서는 부피 변화가 없기에 이 물리계는 외부에 일하지 않는다. 카르노 기관에서 알갱이 수 N은 고정되었기에 이제부터 이상기체 법칙을 간단히 "$PV = kT$"로 쓰겠다.

압력이 바뀌지 않는 과정 예컨대 부피 값과 압력 값이 (1, 1), (2, 1), (3, 1) 따위로 바뀌는 과정을 "등압과정"이라 한다. 등압과정을 그래프로 나타내면 아래와 같다.

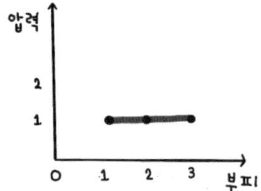

압력이 고정되었는데 부피가 불어나는 일은 외부에서 열을 주어 기체의 온도를 높일 때 일어난다. 이상기체 법칙 "$PV = kT$"에서 P를 고정한 채 V를 높이려면 T를 높여야 한다. 등압과정에서 이 기체가 외부에 한 일 W는 $P\Delta V$다. ΔV는 이 과정 동안의 부피 변화다. 처음 부피가 V_1이었고 나중 부피가 V_2였다면 ΔV는 '$V_2 - V_1$'이다. 이 경우 물리계가 한 일 W는 $P(V_2 - V_1)$이다. 그림에서 P 곱하기 '$V_2 - V_1$'은 부피-압력 그래프 아래쪽 면적과 같다.

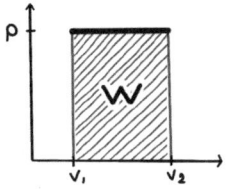

부피-압력 그래프에서 물리계가 외부에 한 일은 대체로 그래프 아래쪽 면적과 같다.

'등온 과정'은 온도가 일정하게 유지되는 과정이다. 이상기체 법칙 "$PV = kT$"에서 온도 T가 일정하면 압력과 부피의 곱 PV는 일정하다. 예컨대 PV가 10이면 기체의 부피와 압력은 (1, 10), (2, 5), (3, 10/3), (4, 5/4), (5, 2), (6, 5/3), (7, 10/7), (8, 5/4), (9, 10/9), (10, 1) 따위 값을 갖는다. 이제부터 부피 축과 압력 축 좌표계에 그린 곡선을 "부피-압력 곡선"이라 하겠다. 등온 과정을 나타내는 그래프는 PV가 일정한 부피-압력 곡선이다. 부피와 압력의 곱이 10인 곡선은 아래와 같다.

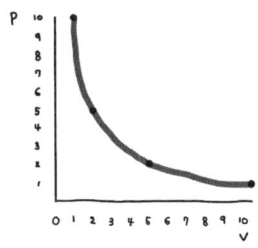

온도가 일정하게 유지되는 기체는 이와 비슷한 곡선을 따라 부피와 압력이 변한다.

등온팽창은 온도를 고정한 채 부피를 불리는 과정이다. 부피-압력 곡선에서 부피가 불어나는 방향은 부피 축의 왼쪽에서 오른쪽으로 가는 방향이다. 따라서 등온팽창은 위쪽 왼쪽에서 아래쪽 오른쪽으로 내려가는 곡선을 그린다.

이 곡선은 '온도를 고정한 채 부피를 불려 압력을 줄이는 상황'을 그려준다. 한편 등온압축 또는 등온수축은 온도를 고정한 채 부피를 줄이는 과정이다. 부피-압력 곡선에서 부피가 줄어드는 방향은 부피 축의 오른쪽에서 왼쪽으로 가는 방향이다. 따라서 등온압축은 아래쪽 오른쪽에서 위쪽 왼쪽으로 올라가는 곡선을 그린다.

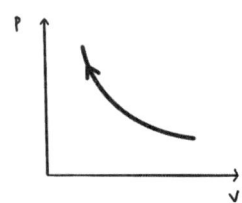

이 곡선은 '온도를 고정한 채 부피를 줄여 압력을 높이는 상황'을 그려준다.

이상기체 법칙 "$PV = kT$"에 따르면 PV는 T에 비례한다. 따라서 온도가 높아지면 부피와 압력의 곱 PV 자체가 높아진다. PV가 20인 경우의 곡선은 (1, 20), (2, 10), (4, 5), (5, 4), (8, 5/2), (10, 2) 따위를 지난다. 이 곡선을 PV가 10인 경우의 곡선과 함께 그리겠다.

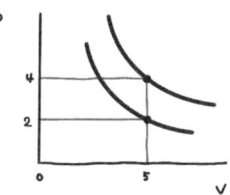

PV가 10인 경우와 20인 경우를 견주면 20인 경우가 10인 경우 위쪽에 있다. 따라서 온도가 높을수록 부피-압력 곡선은 위쪽으로 올라간다. 또는 더 오른쪽으로 옮겨간다.

압력이 일정할 때 기체가 한 일 W는 $P\Delta V$와 같다. 하지만 등온 과정에서 압력은 일정하지 않다. 압력이 일정하지 않으면 아주 작은 양의 부피 변화를 쪼개 $P\Delta V$값들을 모두 더해야 한다. 아주 작은 양의 부피 변화를 dV로 쓰는데 d는 '아주 작은 변화'를 뜻한다. 수학에서 이를 "미분량" 또는 "미분"이라 한다. 압력이 일정하지 않을 때 기체가 한 일은 PdV들을 더

한 값이다. 이를 모두 더한 값은 부피-압력 곡선에서 곡선 아래쪽 면적과 같다.

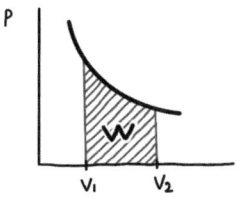

한편 잘게 쪼갠 것을 다시 더하는 셈을 "적분"이라 하는데 기체가 외부에 한 일은 PdV의 적분 값이다. 참고로 "$PV = kT$"로부터 "$P = kT/V$"를 얻는데 PdV는 $kTdV/V$와 같다. 여기서 kT는 적분하는 동안 바뀌지 않기에 dV/V만 적분하면 셈이 끝난다. 'dV/V'의 적분 결과를 여기에 쓰지 않겠지만 이 계산 결과는 매우 잘 알려져 있다.

　이제 압력이나 부피가 바뀌는 과정에서도 열이 물리계 안으로 흘러들어오지 않고 바깥으로 빠져나가지도 않는 단열 과정을 곡선으로 그리려 한다. 단열한 채 기체를 팽창하면 들어오는 열 없이 바깥에 일만 해준 셈인데 이 경우 기체의 온도는 떨어진다. 만일 온도가 T로 고정되었다면 이상기체 법칙 "$PV = kT$"에 따라 기체의 압력은 kT/V다. 하지만 온도가 T보다 낮은 온도 T'로 바뀐다면 기체의 압력은 kT'/V일 텐데 이 값은 kT/V보다 작다. 여기서 kT/V는 등온팽창 때의 압력이고

kT'/V는 단열팽창 때의 압력이다.

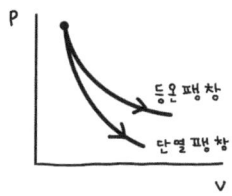

등온팽창이든 단열팽창이든 부피가 커져 팽창하는 동안 기체의 압력은 떨어진다. 하지만 단열팽창의 경우는 등온팽창보다 압력이 더 빨리 떨어진다.

단열한 채 기체를 압축하면 흘러나간 열 없이 그냥 바깥에서 일을 받은 셈인데 이 경우 기체의 온도는 올라간다. 만일 온도가 T로 고정되었다면 기체의 압력은 kT/V다. 하지만 온도가 T보다 높은 온도 T''로 바뀐다면 기체의 압력은 kT''/V일 텐데 이 값은 kT/V보다 크다. 여기서 kT/V는 등온압축 때의 압력이고 kT''/V는 단열압축 때의 압력이다.

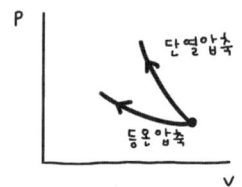

등온압축이든 단열압축이든 부피가 줄어 압축하는 동안 기체의 압력은 높아진다. 하지만 단열압축의 경우는 등온압축보

다 압력이 더 빨리 높아진다.

한편 단열압축이든 단열팽창이든 기체가 외부에 해준 일은 잘게 쪼갠 PdV들을 더한 값이다. 이를 모두 더한 값은 부피-압력 곡선에서 곡선 아래쪽 면적과 같다.

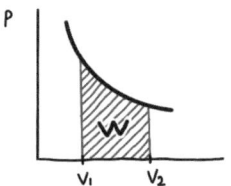

또한 단열압축이든 단열팽창이든 처음 온도가 높을수록 같은 부피 지점에서 더 큰 압력 값을 갖는다.

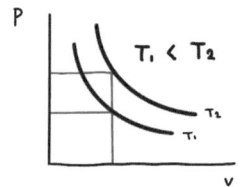

다시 말해 처음 온도가 높을수록 단열 과정의 부피-압력 곡선은 더 위쪽으로 올라간다. 또는 더 오른쪽으로 옮겨간다. 참고로 단열 과정에서 압력과 부피 사이에 "$PV^r = $ 일정"이 성립하는데 지수 r은 1보다 크며 기체마다 다르다.

이제 카르노 순환에서 압력과 부피 변화를 부피-압력 좌표계에 그래프로 그리려 한다. 이 그래프를 처음 그린 이는 에밀 클라페롱이기에 그의 이름을 따서 "클라페롱 그래프"라 한다. 클라페롱 그래프는 닫힌 곡선이다. 첫째 행정은 등온팽창인데 온도 $T_높$을 유지하며 부피가 V_0에서 V_1로 커지고 압력은 P_0에서 P_1로 낮아진다. 결국 이 행정은 부피-압력 좌표계의 (V_0, P_0)에서 시작해 (V_1, P_1)에 이르는 과정이다.

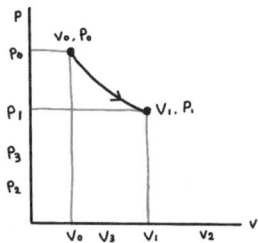

이 경우 부피-압력 곡선은 부피가 왼쪽에서 오른쪽으로 커지고 압력은 위에서 아래로 떨어진다.

둘째 행정은 단열팽창인데 온도는 $T_높$에서 $T_낮$으로 떨어진다. 이때 부피는 V_1에서 V_2로 더 커지고 압력은 P_1에서 P_2로 더 낮아진다. 결국 이 행정은 부피-압력 좌표계의 (V_1, P_1)에서 시작해 (V_2, P_2)에 이르는 과정이다.

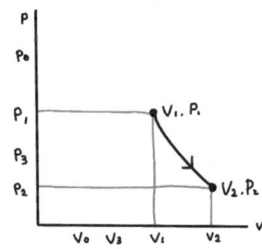

이 경우 부피-압력 곡선은 부피가 왼쪽에서 오른쪽으로 커지고 압력은 위에서 아래로 떨어진다. 다만 첫째 행정의 등온팽창보다 더 가파르게 압력이 떨어진다.

셋째 행정은 등온압축인데 온도 $T낮$을 유지하며 부피가 V_2에서 V_3으로 줄어들고 압력은 P_2에서 P_3으로 높아진다. 이 행정은 부피-압력 좌표계의 (V_2, P_2)에서 시작해 (V_3, P_3)에 이르는 과정이다. 부피-압력 곡선은 부피가 오른쪽에서 왼쪽으로 줄어들고 압력은 아래에서 위로 높아진다.

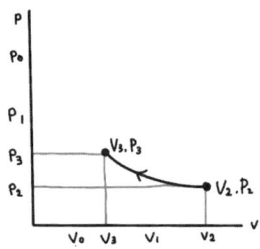

첫째 행정의 온도 $T높$은 셋째 행정의 온도 $T낮$보다 높다. 따라서 셋째 행정의 부피-압력 곡선은 첫째 행정의 곡선보다 더 아래에 놓인다.

넷째 행정은 단열압축인데 온도는 $T낮$에서 시작해 처음의 $T높$까지 높아진다. 이때 부피는 V_3에서 처음의 V_0까지 줄어들고 압력은 P_3에서 처음의 P_0까지 높아진다. 이 행정은 부피-압력 좌표계의 (V_3, P_3)에서 시작해 처음의 (V_0, P_0)에 이르는 과정이다. 부피-압력 곡선은 부피가 오른쪽에서 왼쪽으로 줄어들고 압력은 아래에서 위로 높아진다. 다만 셋째 행정의 등온압축보다 더 가파르게 압력이 높아진다.

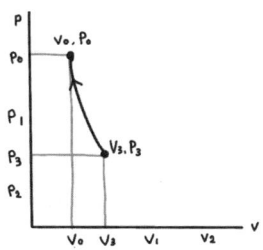

또한 넷째 행정의 처음 온도 $T_\text{낮}$은 둘째 행정의 처음 온도 $T_\text{높}$보다 낮다. 따라서 넷째 행정의 부피-압력 곡선은 둘째 행정의 곡선보다 더 아래에 또는 더 왼쪽에 놓인다.

카르노 순환을 이루는 네 곡선을 함께 모아 마침내 클라페롱 그래프를 얻는다.

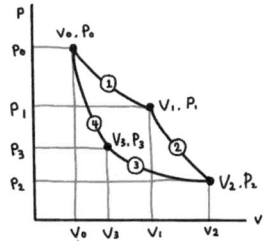

첫째 행정에서 카르노 열기관이 외부에 한 일은 그래프의 점 (V_0, P_0)에서 점 (V_1, P_1)까지 곡선의 아래쪽 면적이다. 둘째 행정에서 한 일은 그래프의 점 (V_1, P_1)에서 점 (V_2, P_2)까지 곡선의 아래쪽 면적이다. 셋째 행정에서 한 일은 그래프의 점 (V_2, P_2)에서 점 (V_3, P_3)까지 곡선의 아래쪽 면적이다. 이 행정은 부피가 오른쪽에서 왼쪽으로 줄어드는 과정이기에 부피의 전체 변화는 음수다. 따라서 이때 한 일은 곡선의 아래쪽 면적에 음수를 취해야 한다. 넷째 행정에서 한 일은 그래프의 점 (V_3, P_3)에서 점 (V_0, P_0)까지 곡선의 아래쪽 면적이다. 이 행정에서도 부피의 전체 변화는 음수이기에 이때 한 일은 곡선의 아래쪽 면적에 음수를 취해야 한다. 네 행정에서 한 일은 각 행정에서 한 일을 모두 더한 값이다.

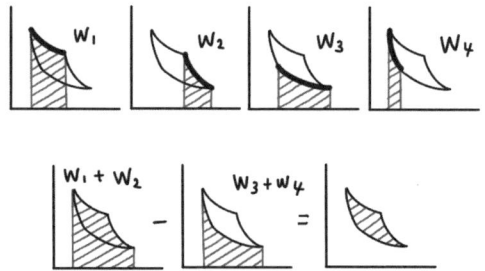

결국 카르노 순환에서 네 행정이 마무리되는 동안 열기관이 외부에 한 일은 닫힌 곡선의 안쪽 면적과 같다.

0307. 열의 일당량

카르노의 처음 이론에서 열은 열기관 안으로 들어왔다가 그대로 바깥으로 빠져나간다. 열은 새로 생기지도 없어지지도 않지만 열이 오가는 동안 일이 생성된다. 물레방아에서 물이 위에서 아래로 떨어질 때 물의 양이 그대로 보존되어도 물레방아는 일할 수 있다. 카르노는 열기관의 열을 물레방아의 물과 비슷하게 여겼다. 그에게 열 흐름은 열소의 흐름이며 곧 물질의 흐름이다. 이렇게 생각했기에 그는 열이 흘러들어와 그대로 빠져나가도 열기관이 일할 수 있다고 보았다.

물레방아에서 물이 위에서 아래로 떨어질 때 물은 위치에너지를 잃는다. 이때 줄어든 위치에너지의 일부가 일로 바뀐다. 여기서 물체의 위치에너지는 그 물체가 특정 위치에 놓였기 때문에 갖는 에너지다. 반면 물체의 운동에너지는 그 물체가 운동하기 때문에 갖는 에너지다. 운동에너지와 위치에너지가 정확히 무엇인지는 나중에 운동이론을 다룰 때 조금 더 자세히 이야기할 테다. 아무튼 물레방아가 일할 수 있는 까닭은 단순히 물이 위에서 아래로 움직였기 때문이 아니라 물의 위치에너지가 줄어들었기 때문이다.

마찬가지로 열기관에서도 일이 생성되려면 위치에너지든 열에너지든 모종의 에너지가 줄어들어야 한다. 하지만 열 흐름을 에너지 흐름으로 이해하지 못하면 이 사실을 깨닫기 어렵다. 열 흐름을 에너지 흐름으로 이해하려면 열이 일로 전환되고 일이 열로 전환됨을 알아차려야 한다. 이 앎은 제임스 프레스콧 줄[1818-1889]의 연구 덕분에 얻게 되었다. 그는 일이 열로 바뀔 때 얼마큼의 열로 바뀔 수 있는지를 또렷이 재었다.

열과 일은 에너지가 흐르는 두 가지 다른 방식이다. 일이 에너지 흐름임은 그나마 쉽게 이해할 수 있다. 알갱이에게 일을 해주면 알갱이의 속력이 늘어나 운동에너지가 늘어난다. 또는 알갱이의 위치가 달라져 위치에너지가 늘어난다. 알갱이한테 일을 해주면 운동에너지든 위치에너지든 적어도 하나가 늘어나고 어쨌든 전체 에너지가 늘어난다. 반면 열이 물질 흐름이 아니라 에너지 흐름임은 쉽게 알아차릴 수 없다. 생각의 발전 과정을 제대로 추적하려면 열이 물질의 속성인지 물질 자체인지 미리 가정하지 말아야 한다. 하지만 열과 일의 관계를 이해하는 데 큰 성취를 이룬 제임스 줄은 열을 물질 자체로 이해하지 않았다.

개념 '열'에서 가장 많이 헷갈리는 측면은 '에너지 흐름으로서 열'과 '에너지로서 열' 사이의 헷갈림이다. 표현 "열"은 때때로 '한 물리계가 가진 전체 열에너지'를 뜻하고, 때때로

'한 물리계에서 다른 물리계로 흘러가는 열에너지'를 뜻한다. 표현 "열"을 어떻게 이해할지는 맥락을 따져 보면 거의 뚜렷하다. 표현 "열"을 한 물리계의 전체 열에너지를 뜻할 때는 보통 낱말 "내부에너지"를 쓴다. 물리계 ㄱ에서 물리계 ㄴ으로 열이 흐르면 물리계 ㄱ의 열에너지 일부가 물리계 ㄴ으로 옮겨간다. 이 경우 물리계 ㄱ의 내부에너지는 줄고 물리계 ㄴ의 내부에너지는 늘어난다.

"내부에너지"에서 "내부"는 듣는 이를 헷갈리게 한다. 왜냐하면 '내부에너지'가 있다면 '외부에너지'도 있기 때문이다. 하지만 한 물리계의 에너지는 그냥 이 물리계의 내부에너지이지 이 물리계의 외부에너지일 수 없다. 다시 말해 한 물리계의 에너지는 언제나 내부에너지다. 다만 물리계의 질량 중심이 운동에너지를 갖거나 위치에너지를 갖는다면 이 에너지들은 내부에너지에 포함되지 않는다. 따라서 "내부에너지"는 '질량 중심의 운동에너지와 위치에너지를 뺀 나머지 에너지'를 뜻한다.

제임스 줄이 연구할 때는 전기기관 곧 전기모터가 새로운 동력원으로 떠오를 즈음이었다. 1832년 영국 물리학자 윌리엄 스터전[1783-1850]은 실생활에 쓸 수 있는 직류 전기 모터를 처음으로 발명했다. 러시아와 미국 정부는 전기모터로 움직이는 배와 기차를 개발하려고 학자들에게 연구비를 지원하기 시작했다. 19세기 유럽과 미국의 과학자 및 공학자는 증기기관뿐만 아니라 전기모터에도 관심을 기울였다. 그들은 이미 전기 힘이나 자기 힘을 써서 일을 생성할 수 있음을 잘 알았다. 중력을 받는 물체가 특정 위치에서 위치에너지를 갖듯이 전기 및 자기 힘을 받는 물체도 특정 위치에서 위치에너지를 갖는다. 전기 힘과 자기 힘 때문에 생겨난 위치에너지를 "전자기 위치에너지" 또는 "전자기에너지"라 한다. 이른바 '화학에너지'도 사실은 알갱이들의 전자기 위치에너지에서 비롯된다.

전선에 전류가 흐르면 열이 생기는데 제임스 줄은 알갱이들 사이를 채우는 에테르가 열을 일으킨다고 믿었다. 그는 1840년에 전자기에너지가 얼마큼의 열로 바뀔 수 있는지를 탐구했다. 이 탐구 덕분에 그는 일과 열의 관계를 더 깊게 탐구하게 되었다. 그는 증기기관에서 열을 만드는 데 쓰이는 석탄 가격과 전기를 만드는 데 쓰이는 아연 가격을 견주었다. 그 결과 그는 석탄으로 열을 내는 것이 전기로 열을 내는 것보다 싸다고 주장했다. 이는 일 개념과 열 개념을 가다듬는 좋은 길잡이가 되었다. 줄은 1843년에 전선 안에서 열이 새로 생긴다고 주장했다. 이는 열이 새로 생기지도 없어지지도 않는다는 기존 가설을 부정하는 일이다. 열이 열소로 이뤄졌다면 물질이 보존되듯이 열도 보존되어야 한다. 따라서 줄의 주장은 열소이론을 부정하는 견해이기도 하다.

줄은 1파운드 질량을 지표면에서 1피트만큼 위로 올리는 데 쓰이는 에너지 또는 그만큼의 일을 "1피트파운드" 또는 "1풋파운드"라 했다. 오늘날 일과 에너지의 표준 단위는 '줄'이다. '1줄'은 물체를 1뉴턴의 힘으로 1미터 움직일 때 한 일이다. 1파운드는 0.45킬로그램인데 1파운드 무게는 여기에 중력 가속도를 곱해 약 4.4뉴턴이다. 1피트는 0.31미터인데 1피트파운드는 4.4뉴턴 힘을 주고 0.31미터 움직일 때 한 일이다. 따라서 1피트파운드는 4.4×0.31줄 곧 약 1.4줄이다.

줄은 1843년부터 1849년까지 1줄의 일이 몇 칼로리의 열을 만들 수 있는지를 탐구했다. 열의 단위 1칼로리는 물 1그램을 1도씩 데우는 데 필요한 열이다. 줄은 1843년 논문 「전자기의 열량 효과와 열의 역학 값」에서 전기모터로 1칼로리의 열을 만드는 데 4.19줄의 일이 필요하다고 발표했다. 나아가 그는 구멍 뚫린 원통에 물을 강제로 통과하여 물의 온도를 높였다. 이 측정을 통해 그는 1칼로리가 4.14줄에 해당한다고 주장했다. 1845년 논문 「공기의 팽창과 압축으로 생기는 온도 변화」에서는 기체를 압축할 때 생기는 열을 측정함으로써 기체에 1칼로리 열을 만드는 데 4.29줄이 필요하다고 주장했다. 여기서 4.19, 4.14, 4.29를 "열의 일당량"이라 한다. 오늘날 정밀한 측정에 따르면 그 값은 4.1868이다.

제임스 줄은 1845년 논문에서 자신은 카르노와 클라페롱의 열소이론을 거부한다는 뜻을 밝혔다. 그에 따르면 그들의 열소이론은 "장치를 잘못 배치할 때 '비스비바'가 없어질 수 있다"는 결론을 함축한다. '비스비바'는 오늘날 '에너지' 대신에 썼던 낱말인데 라틴말로 '살아있는 힘'을 뜻한다. 줄은, 라이프니츠를 따라, 하느님이 이를 없애지 않는 한 '비스비바'는 없어지지 않는다고 생각했다. 이를 다른 말로 바꾸면 "에너지는 보존된다"는 주장이다. 그는 '비스비바는 없어지지 않는다'는 주장을 "인정된 철학 원리"로 여겼다.

오늘날 이해에 따르면 물리계를 이루는 알갱이는 앞으로 나아가다 다른 알갱이와 부딪혀 다른 방향으로 나아간다. 다시 다른 알갱이와 부딪히고 또 다른 방향으로 나아간다. 알갱이는 팽이처럼 회전 운동하고 용수철처럼 진동 운동도 한다. 줄은 열이 알갱이의 회전 운동 덕분에 생긴다고 믿었다. 우리는 줄이 물리계가 알갱이로 이뤄졌다는 점을 얼마큼 굳게 믿었는지 알지 못한다. 줄과 함께 연구한 켈빈[1824-1907]은 원자 자체를 알갱이로 여기지 않고 매우 야릇한 소용돌이로 여겼다.

줄은 1845년 6월 케임브리지의 한 모임에서 논문 「열의 역학 당량」을 발표할 기회를 얻었다. "당량"은 '그것으로 맞바꿀 수 있는 양'을 뜻하는데 "역학 당량"은 '역학에너지로 맞바꿀 수 있는 양'을 뜻한다. 여기서 '역학에너지'는 '위치에너지 더하기 운동에너지'다. 줄은 그 모임에서 일이 일정량의 열로 바뀔 수 있음을 거의 확실하게 보여주는 실험을 선보였다. 물체가 위에서 아래로 떨어질 때 위치에너지가 운동에너지로 바뀐다. 줄은 무거운 물체의 운동에너지로 물을 휘젓게 함으로써 물의 온도를 높였다. 이는 물체의 운동에너지가 물의 온도를 높이는 열로 바뀐 셈이다.

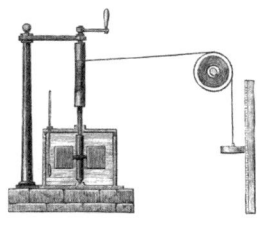

줄은 이 실험에서 1칼로리의 열을 만드는 데 4.41줄이 필요하다고 주장했다. 더 정밀한 1850년의 실험에서는 4.15줄이 필요하다고 주장했다. 이 값은 오늘날 값 4.19에 상당히 가깝다.

0308. 열역학 제1법칙

물리계는 열린계와 닫힌계로 나뉜다. 열린 물리계는 그 물리계 안팎으로 물질이나 알갱이가 드나들 수 있다. 세포, 생물체, 기계 따위 개별 물체들은 대체로 열린계다. 닫힌 물리계는 그 물리계 안팎으로 물질이든 알갱이든 드나들 수 없다. 다만 닫힌 물리계 안팎으로 열이 흐를 수 있고, 그 물리계가 바깥에 일할 수 있고, 바깥에서 그 물리계에 일해줄 수도 있다. 다른 물질이 드나들 수 없는 벽으로 둘러싸인 물리계는 닫힌계다. 한편 '고립계' 또는 '외떨어진계'는 바깥에서 열까지 들어올 수 없는 물리계다. 전체 물리 세계는 단열벽으로 둘러싸이지 않았지만 그 자체로 고립계다. 모든 고립계는 당연히 닫힌계다.

이제 닫힌 물리계의 내부에너지가 어떻게 바뀔 수 있는지를 따지려 한다. 한 물리계 안팎으로 에너지가 흐른다면 그 물리계의 내부에너지는 바뀐다. 한 물리계 안팎으로 에너지가 흐르는 두 가지 길이 있다. 하나는 물리계 안으로 열이 흘러오는 길이다. 물리계 안으로 흘러온 열의 양은 Q로 쓴다. 물리계 안으로 Q만큼 열이 흘러왔다면 물리계 바깥으로 $-Q$만큼의 열이 흘러나간 셈이다. 한 물리계 안팎으로 에너지가 흐르는 다른 길은 물리계가 바깥 환경한테 일해주는 것이다. 물리계가 바깥에 해준 일의 양은 W로 쓴다. 물리계가 바깥에 W만큼 일했다면 바깥 환경은 그 물리계에 −W만큼 일해준 셈이다.

일과 열을 빼면 한 물리계의 내부에너지 U가 바뀌는 다른 원인은 없다. 바깥에서 흘러온 열 Q는 내부에너지를 늘리고 바깥에 해준 일 W는 내부에너지를 줄인다. 따라서 내부로 흘러온 열에서 바깥에 해준 일을 뺀 만큼 내부에너지는 늘어난다. 결국 내부에너지 변화 ΔU는 다음 관계를 만족한다.

$$\Delta U = Q - W$$

이 관계를 "에너지보존법칙" 또는 "열역학 제1법칙"이라 한다. 이 법칙은 내부에너지, 열, 일이 모두 에너지의 다른 모습임을 말해준다. 이 법칙은 열과 일 말고 내부에너지를 바꾸는 다른 요인이 없음을 표현한다.

결국 내부로 흘러오는 열이 없고 바깥에 해주는 일도 없다면 내부에너지는 바뀌지 않는다. 나아가 물리계 안으로 흘러온 열은 바깥 환경에 일해주거나 내부에너지를 늘리는 데 모두 쓰인다. 한편 일 자체는 거의 또렷이 정의되기에 이 법칙을 써서 '열' 자체를 정의할 수 있다. "$\Delta U = Q - W$"를 달리 써

$$Q = \Delta U + W$$

를 얻는다. 곧 물리계 안으로 들어온 열은 물리계가 한 일과 내부에너지 변화의 합이다.

열역학 제1법칙이 정식화되기까지 여러 과학자가 이바지했다. 네덜란드 물리학자 크리스티안 하위헌스[1629-1695]는 1669년 논문에서 질량이 똑같은 딱딱한 공 둘이 부딪힐 때 두 공의 속력 제곱을 더한 값이 충돌 전후에 보존된다고 주장했다. 이는 오늘날 운동에너지보존법칙에 해당한다. 하위헌스의 연구를 이어받아 라이프니츠[1646-1716]는 이르면 1676년에 운동에너지 개념을 떠올린다. 그는 '질량 곱하기 속력 제곱'을 라틴말로 "비스비바"$^{vis\ viva}$로 이름 지었다. 이는 "살아있는 힘"이나 "활력"으로 옮길 수 있다. 낱말 "에너지"가 쓰이기 전에 대부분 물리학자는 라이프니츠를 따라 낱말 "힘"을 썼다. 라이프니츠는 자연의 모든 '비스비바'가 보존된다고 주장했다. 마찰로 한 물체의 '비스비바'가 줄어들면 열이 생기는데 그는 열이 물질을 이루는 알갱이의 마구잡이 운동이라고 믿었다. 라이프니츠의 '비스비바'에 1/2을 곱한 양을 운동에너지로 여긴 이는 1829년의 가스파르귀스타브 코리올리[1792-1843]다. 그는 운동에너지를 프랑스말로 여전히 "살아있는 힘"으로 불렀다.

하위헌스와 라이프니츠 이후 물리학자들은 '운동량'

개념과 구별되는 '에너지' 개념을 차츰 갖추었다. 프랑스 물리학자 에밀리 뒤 샤틀레[1706-1749]는 네덜란드 과학자 빌렘 스흐라베잔데[1688-1742]의 1722년 실험 결과를 바탕으로 운동에너지가 운동량과 아예 다른 물리량임을 드러냈다. 다니엘 베르누이[1700-1782]는 1738년 '비스비바' 보존 법칙을 써서 '유체역학'을 다듬었다. 그는 기체 알갱이의 평균 운동에너지를 기체의 온도와 관련지었다. 영국 물리학자 토마스 영[1773-1829]은 1802년 왕립학회 강연에서 표현 "비스비바" 대신에 표현 "에너지"를 썼다. 이 강연은 1807년 『자연철학 강의』로 출판되었다. 스코틀랜드 물리학자 윌리엄 랭킨[1820-1872]은 1853년 논문 「에너지 변환의 일반 법칙」에서 표현 "포텐셜"을 썼다. 동아시아에서는 이를 "위치에너지"나 "잠재에너지"로 옮긴다. 이후 물리학자들은 에너지를 "운동에너지"와 "위치에너지"로 또렷이 나눠 부르게 되었고 둘을 합한 양을 "역학에너지"로 정의했다.

　라부아지에는 화학 반응 전후에 물질의 질량이 보존된다는 법칙을 1774년에 제안했지만 화학 반응 전후에 '에너지'가 보존된다는 생각은 아직 하지 못했다. 열 개념과 일 개념을 통합한 에너지 개념을 갖는 일은 매우 어렵다. 라부아지에 당시에 열을 '비스비바'로 이해하는 이론과 열을 열소로 이해하는 이론이 경쟁했다. 벤자민 톰슨은 1798년 마찰로 엄청난 양의 열이 생긴다는 점을 보임으로써 열을 운동에너지로 이해하려는 경향을 부추겼다. 영국 화학자 험프리 데이비[1778-1829]는 두 얼음 조각을 서로 문지르면 얼음이 녹는다는 사실을 통해 열이 운동에서 비롯됨을 보여주려 했다.

스위스계 러시아 화학자 제르맹 앙리 헤스[1802-1850]는 화학 변화에서 생기는 발열량이 보존된다는 법칙을 1840년에 제안했다. 이를 오늘날 "헤스의 법칙"이라 한다. 물질 A와 B가 반응하여 물질 Z가 생기는데 이에 여러 과정이 있을 수 있다. 헤스의 법칙에 따르면 (i) 물질 A와 B에서 시작하여 C와 D를 거쳐 마지막으로 Z가 생기는 경우든 (ii) 물질 A와 B에서 시작하여 E와 F를 거쳐 마지막으로 Z가 생기는 경우든 화학 반응으로 생기는 열은 똑같다. 헤스는 아직 '내부에너지', '열', '일' 개념을 갖추지 못했지만 화학 반응 전후에 질량뿐만 아니라 에너지가 보존된다는 생각을 어렴풋이 떠올렸다.

독일 화학자 칼 프리드리히 모어[1806-1879]는 오늘날 열역학 제1법칙에 가까운 법칙을 1837년에 제안했다. 그는 물리 세계에 54가지 화학 원소 말고도 "힘"크라프트으로 불리는 작용이 있다고 주장했다. "이것은 조건에 따라 운동, 화학 친화력, 응집, 전기, 자기, 빛으로 나타날 수 있다. 이 가운데 한 모습에서 다른 모습으로 변형될 수 있다." 독일 물리학자 율리우스 로베르트 폰 마이어[1814-1878]는 1842년에 발표한 논문 「힘크라프트의 양적 및 질적 규정」에서 에너지보존법칙을 어렴풋이 표현했다. 그는 "열과 일은 서로 바뀔 수 있다"면서도 그 어떤 변화에도 "사그라들 수 없는 힘"을 언급했다. 그도 모어처럼 표현 "에너지"를 쓰지 않고 다만 독일말로 "크라프트"힘를 썼다. 그는 몸에 들어간 음식물이 열로 바뀌고 열이 다시 역학 힘으로 바뀐다고 주장했다. 1843년에 그는 물을 휘저어 물을 데울 수 있음을 보였지만 일과 열의 환산 공식을 얻지는 못했다. 같은 해 제임스 줄은 일과 열의 환산 공식을 발표했는데 이로써 열과 일을 같은 단위로 표현하게 되었다.

스물여섯의 헤르만 폰 헬름홀츠[1821-1894]는 학회에서 거절된 자기 논문을 1847년에 작은 책 『힘의 보존』으로 출판했다. 그는 여기서 줄의 연구를 바탕으로 '에너지 보존 원리'를 주장했다. 물론 그는 낱말 "에너지" 대신에 낱말 "크라프트"힘를 썼다. 드디어 1850년에 루돌프 클라우지우스는 열역학 제1법칙을 오늘날과 거의 비슷하게 표현했다. 하지만 물리계 안으로 흘러온 열과 물리계가 바깥에 해준 일의 차이를 U 라고 표현했을 뿐 이를 이름 짓지 않았다. 1851년에 켈빈은 이를 "역학에너지"라 했고 나중에는 "고유에너지"라 했다. 그는 헬름홀츠의 1847년 책을 1852년에 읽고 역학에너지, 전기에너지, 열에너지가 서로 변환될 수 있고 그 변환 가운데 전체 에너지가 보존된다고 또렷이 주장했다. 클라우지우스는 자신의 U를 1865년에 "에너지"라 했고 헬름홀츠는 1882년에 이를 "내부에너지"라 했다.

'일'과 '열'은 둘 다 힘이 물리계에 미침으로써 전달되는 에너지다. 다만 일을 낳는 힘과 열을 낳는 힘이 다르다. 거시 변화를 일으키는 힘이 작용할 때 그 힘은 '일함'이나 '일해줌'을 낳는다. 여기서 거시 변화는 부피 변화나 압력 변화 같은 것을 말한다. 반면 물리계를 이루는 개별 알갱이의 속성을 마구잡이로 바꾸는 변화는 미시 변화다. 이런 미시 변화를 일으키는 힘이 물리계에 미칠 때 그 물리계에 열이 흘러 들어간다. 결국 '열'과 '일'을 또렷이 구별하려면 물리계의 거시 상태를 바꾸는 힘과 물리계의 구성 알갱이의 미시 상태를 바꾸는 힘을 구별해야 한다. 물리계를 작은 알갱이들의 모임으로 여기지 않으면 이를 구별하는 일은 쉽지 않다. 통계역학은 물리계를 작은 알갱이들의 모임으로 여김으로써 열 현상을 이해한다. 결국 통계역학을 제대로 알기 전까지는 '열'과 '일'을 또렷이 구별하기 어렵다.

영국의 응용수학자 조지 하틀리 브라이언[1864-1928]은

1907년 책에서 '열'을 '물리계 안팎으로 일이 아닌 다른 모습으로 드나드는 에너지'로 정의한다. 이 정의에 따르면 물리계의 에너지 변화는 오직 열과 일 때문에 일어난다. 그리스 수학자 콘스탄티노스 카라테오도리[1873-1950]는 1909년 논문 「열역학 기초 고찰」에서 이 정의를 바탕으로 열역학의 수식들을 체계화한다. 1921년 독일 물리학자 막스 보른[1882-1970]이 이 체계를 받아들였고 차츰 '열'의 그 정의가 물리학자들 사이에 널리 퍼졌다. 물론 알갱이가 드나들 수 있는 열린 물리계를 다룰 때는 일과 열뿐만 아니라 알갱이 흐름도 반영하여 내부에너지를 셈해야 한다. 카라테오도리는 단열벽으로 둘러싸인 물리계에 적용되는 에너지보존법칙을 먼저 제안한다. 이 경우 Q는 0이기에 열역학 제1법칙은 "$\Delta U + W = 0$"으로 표현된다.

카라테오도리의 이 표현은 줄의 1845년 논문에 나오는 실험을 그대로 표현한 것으로 해석된다. 줄은 이 논문에서 기체를 압축할 때 생기는 열을 측정함으로써 열의 일당량을 측정했다. 줄의 이 실험에서 바깥에서 물리계에 해준 일은 모두 물리계의 온도를 높이는 데 쓰였다. 그 온도 변화로 '열'이 생겼다고 말해도 되지만 카라테오도리는 모든 일이 그 물리계의 내부에너지를 높이는 데 쓰였다고 말한다. 줄의 다른 실험도 이와 비슷하게 해석할 수 있다. 이제 만일 물리계가 투열벽을 사이에 두고 다른 물리계와 열 접촉한다면 열이 물리계 안팎으로 흐른다. 카라테오도리는 '열'을 '물리계가 한 일과 물리계의 내부에너지 변화를 더한 것'으로 정의한다. 곧 $Q = \Delta U + W$. 만일 우리가 '내부에너지', '열', '일'을 제각각 별도로 이해할 수 있다면 "$\Delta U = Q - W$"나 "$Q = \Delta U + W$"를 법칙으로 여겨도 좋다. 하지만 '열'을 별도로 이해할 수 없다면 "$\Delta U + W = 0$"을 법칙으로 여기고 "$Q = \Delta U + W$"는 열의 정의로 여기는 것이 낫겠다.

줄은 일이 열로 바뀔 수 있음을 또렷이 보여주었다. 열기관은 열이 일로 바뀔 수 있음을 보여주는 실제 사례다. 카르노는 열이 얼마큼 일로 바뀔 수 있는지를 보여주려 했다. 줄이 보기에 카르노의 이론은 열이 모두 일로 바뀔 수 있음을 충분히 드러내지 못했다. 줄은 열이 모두 일로 바뀔 수 있다고 믿은 것 같다. 하지만 열역학 제1법칙은 "열은 모두 일로 바뀔 수 있다"를 함축하지 않는다. 열의 일부는 일로 바뀌고 다른 일부는 내부에너지를 늘리면 될 테다. 나중에 드러나듯이 열은 일로 모두 바뀔 수 없다. 이를 깨달으려면 완전히 새로운 개념을 갖추어야 한다. 그것은 '엔트로피' 개념이다.

04장   열 엔트로피

켈빈 곧 윌리엄 톰슨은 열역학 제1법칙을 반영하여 카르노의 연구를 이어받는다. 카르노의 열기관은 완벽하고 완전한 열기관이다. 켈빈은 카르노의 열기관에 나오는 물리량들을 써서 절대온도를 정의한다. 클라우지우스는 카르노의 열기관이 완전한 열기관이게끔 하는 요소를 찾는다. 그것은 카르노의 열기관이 한 순환 동안 '엔트로피'가 늘어나지 않는다는 점이다. 이렇게 카르노의 이상화된 열기관으로부터 '절대온도'와 '엔트로피'의 정의가 자라난다. 이 장에서는 열역학 제2법칙, 절대온도, 클라우지우스 부등식, 가역 과정을 배우며 '엔트로피' 개념을 더듬고 다듬는다. 안정한 열평형의 조건을 다룬 뒤 헬름홀츠 자유에너지, 깁스 자유에너지 같은 다른 '열역학 포텐셜'을 배운다.

0401. 열역학 제2법칙

윌리엄 톰슨 곧 켈빈[1824-1907]은 논문 「카르노의 열 동력 이론에 바탕을 두고 르뇨의 관측들로부터 계산된 절대 온도계 눈금」을 1848년에 발표한다. 이 논문에서 낱말 "열역학"이 처음 나타난다. 켈빈은 이 논문에서 카르노의 이론과 줄의 이론 사이를 왔다 갔다 하며 온도 개념을 다듬었다. 카르노의 열기관은 온도 $T_{높}$의 열원 및 온도 $T_{낮}$의 열침과 열 접촉함으로써 외부에 일한다. 여기서 카르노 이론의 빼어난 점이 드러난다. 바로 열기관의 세부 사항을 모두 무시하고 오직 두 개의 온도 간격만으로 열기관의 작동을 설명한다는 점이다. 열기관이 일하려면 반드시 두 열저장조[열조] 사이에 온도 차이가 있어야 한다. 다시 말해 '$T_{높} - T_{낮}$'이 0보다 커야 한다. 카르노는 1824년 책에서 온도 차이가 있다면 언제든 '동력'이 생길 수 있다면서 열의 동력이 오직 두 열조의 온도에 따라서만 고정되는 양이라 했다. 여기서 '동력'은 오늘날 '일'에 해당한다.

열기관은 온열조를 열원으로 삼아 거기서 열을 뽑아낸 뒤 그 열의 일부를 일로 바꾼다. 일로 바꾸고 남은 열은 냉열조로 보내는데 이 냉열조는 열침의 역할을 한다. 카르노의 이론은 두 열조의 온도 차이만으로 열기관의 작동을 설명한다. 켈빈은 카르노의 이론이 갖는 이러한 단순성을 잘 활용한다면 개별 물질의 특수성에 기대지 않고 온도를 정의할 수 있으리라 기대했다. 그는 1848년 논문에서 '열기관이 일정량의 일을 만드는 데 필요한 온도 차이'를 '1도 크기'로 정의하려 했다. 온도 눈금을 이렇게 정의하면 우리는 "온도의 절대 척도" 또는 "절대온도 척도"를 얻을 수 있다. 그에게 "절대"는 '특정 물질의 물성과 아예 독립됨'을 뜻한다. 그는 알코올, 수은, 물, 공기 따위의 물성과 관계하지 않는 온도 개념을 얻고 싶었다. 다만 1848년 논문의 절대온도 정의에서는 '절대 0도' 개념이 아직 담기지 않았다.

제임스 줄은 열과 일이 상호 변환될 수 있음을 이미 주장했다. 그는 절대온도 개념을 다룬 켈빈의 1848년 논문을 읽은 뒤 켈빈에게 편지한다. 줄은 켈빈에게 열과 일의 상호 변환을 활용하여 절대온도를 새로 정의할 것을 권유한다. 카르노의 이론에 따르면 열기관에서 일은 열 흐름의 부산물이다. 열은 열기관으로 흘러왔다가 그만큼의 열이 다시 빠져나간다. 하지만 열역학 제1법칙에 따르면 열 자체는 보존되지 않는다. 열의 일부는 일로 쓰이고 일부는 내부에너지로 바뀐다. 일은 열 흐름의 부산물이 아니다. 일과 열은 에너지의 다른 모습이고 열의 일부가 일로 바뀐다.

켈빈은 줄곧 카르노의 이론에 바탕을 두고 자기 생각을

펼쳐나간다. 1849년 논문 「카르노의 열 동력 이론을 설명함: 르뇨의 증기 실험에서 이끌어낸 수치 결과」에서는 열기관이 한 일이 기관 안팎을 드나든 열량과 두 열조의 온도차에 비례한다고 주장한다. 그다음 그는 줄의 이론에 바탕을 두고 카르노 이론의 잘못된 부분을 바로잡는다. 이를 바로잡으려면 무엇보다 먼저 열역학 제1법칙과 어울리도록 카르노 이론을 고쳐야 한다. 그 첫 작업은 켈빈의 1851년 논문 「열의 동역학 이론: 줄의 일당량과 르뇨의 증기 관측으로부터 이끌어낸 수치 결과」다. 그는 같은 해 다른 논문 두 편을 더 발표하여 줄의 이론에 맞도록 카르노의 이론을 고친다.

카르노의 원래 이론에 따르면 첫째 행정에서 열기관으로 흘러온 열 Q는 셋째 행정에서 열기관 바깥으로 그대로 빠져나간다. 이는 한 순환 동안 열기관 안으로 흘러온 전체 열 Q가 0임을 뜻한다. 카르노 열기관이 한 순환을 마치면 그 열기관은 처음 상태로 되돌아온다. 우리는 물리계의 내부에너지가 압력, 부피, 온도 따위 상태에 따라 결정되는 '상태 함수'라 가정한다. 처음 압력, 처음 부피, 처음 온도로 되돌아왔기에 카르노 열기관의 내부에너지도 처음으로 되돌아온다. 따라서 내부에너지 변화 ΔU는 0이다. 이를 열역학 제1법칙 "$\Delta U = Q - W$"에 반영하여 "$Q - W = 0$"을 얻는다. 아까 말했듯이 Q가

0이기에 W도 0이어야 한다. 결국 카르노 열기관이 한 순환 동안 한 일 W는 0이다. 다시 말해 열기관으로 흘러온 열이 모두 열기관 바깥으로 빠져나간다면 이 열기관은 아무 일도 할 수 없다. 켈빈은 셋째 행정에서 Q의 일부만이 열기관 바깥으로 빠져나가는 것으로 카르노의 이론을 바로잡는다.

오늘날 교과서에서는 켈빈이 바로잡은 카르노 이론을 가르친다. 카르노 열기관은 온열조 열원에서 열 $Q_{온}$을 받고 나중에 냉열조 열침으로 열 $Q_{냉}$을 내보낸다. 부호의 단순성을 위해 $Q_{온}$과 $Q_{냉}$은 언제나 양의 값으로 설정한다. 따라서 열기관 안으로 흘러온 전체 열 Q는 '$Q_{온} - Q_{냉}$'이다. 카르노 열기관이 한 순환을 마치면 ΔU는 0이기에 "$Q - W = 0$"이 성립한다. 결국 한 순환 동안 열기관이 바깥에 한 일 W는 '$Q_{온} - Q_{냉}$'이다. 이를 아래처럼 도식화할 수 있다.

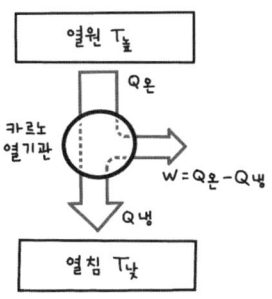

카르노의 원래 이론에서는 $Q_온$과 $Q_냉$은 같다. 이 경우 '$Q_온 - Q_냉$'은 0인데 열역학 제1법칙에 따르면 열기관이 한 일 W도 0이어야 한다. 이처럼 '$Q_온 - Q_냉$'이 0보다 크지 않다면 열기관은 아무 일도 할 수 없다.

열역학 제1법칙에 따르면 열기관은 '$Q_온 - Q_냉$'만큼 일을 할 수 있다. 하지만 열역학 제1법칙은 $Q_냉$이 0일 수 없음을 말하지 않는다. 따라서 열기관이 냉열조 열침으로 열을 아예 내보내지 않을 가능성은 열려 있다. 당연히 우리는 이렇게 물을 수 있다. 온열조 열원에서 들어온 $Q_온$을 모두 일로 바꿀 수는 없는가? "$W = Q_온$"이 성립하도록 열기관을 만들 수 없는가? 켈빈은 열기관으로 들어온 모든 열이 일로 바뀔 수는 없다고 결론내렸다. 곧 한 물리계 바깥에서 열을 받아 그것을 모두 일로 바꾸는 물리 과정은 없다. 이를 "열역학 제2법칙"이라 한다. 켈빈은 이 법칙을 "한 열조로부터 열을 받아 그것을 모두 일로 바꾸는 열기관은 없다"로 달리 표현한다.

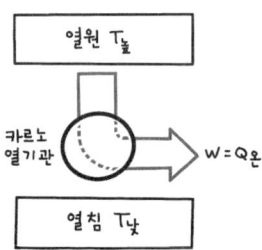

켈빈의 이 표현을 "켈빈-플랑크 진술" 또는 "열기관 진술"이라 한다. 우리는 이 표현을 "표현 K"라 하겠다.

표현 K는 일온도 열기관이 없음을 말한다. 하지만 이온도 열기관에서는 열을 모두 일로 바꿀 가능성이 열려 있다. 정의상 "절대영도"는 '거기로 열을 내보낼 수 없고 거기서 열을 빼낼 수도 없는 온도'다. 절대영도의 냉열조를 열침으로 삼으면 $Q_냉$은 0이다. 이 경우 "$W = Q_온 - Q_냉 = Q_온$"이 성립한다. 만일 절대영도의 열침이 없다면 열기관으로 흘러온 열을 모두 일로 바꿀 수는 없다. 극단의 경우를 빼면 열기관은 언제나 냉열조 열침으로 어느 정도 열을 내보내야 한다. 곧 $Q_냉$은 0이 아니어야 하며 W는 $Q_온$보다 작아야 한다. 내 생각에 한 물리계가 절대영도에 이를 수는 있지만 절대영도의 열조는 있을 수 없다. 결국 열역학 제2법칙은 열이 모두 일로 바뀔 수 없음을 말한다. 반면 열역학 제1법칙은 "일은 모두 열로 바뀔 수 없다"와 "열은 모두 일로 바뀔 수 없다"에 찬성도 반대도 하지 않는다.

0402. 냉기관

제임스 맥스웰은 1871년 책 『열 이론』에서 열을 네 조항으로 정의한다.

> 열은 열역학 제2법칙에 따라 한 물체에서 다른 물체로 전송될 수 있는 무엇이다. 열은 측정될 수 있는 양이고 그렇기에 수학으로 다룰 수 있다. 열은 '물질 실체가 아닌 것' 곧 '역학 일'로 전환될 수 있기에 열은 물질 실체로 여길 수 없다. 열은 에너지의 한 형태다.

몇몇 물리학자는 열을 '한 물리계와 다른 물리계의 온도 차이 때문에 생겨난 에너지 흐름'으로 정의한다. 또는 열을 '온도가 높은 곳에서 낮은 곳으로 흐르는 에너지'로 정의한다. 이는 열역학 제2법칙을 반영한 정의다.

루돌프 클라우지우스는 1850년 논문 「열의 동력」에서 열역학 제2법칙을 "뜨거운 곳에서 차가운 곳으로 열을 저절로 흘려보내는 물리 과정은 없다"로 표현한다. 우리는 열이 온도가 낮은 곳에서 온도가 높은 곳으로 흐를 수 없다고 믿는다. 이 믿음은 우리가 어렴풋이 가진 '열' 개념에서 비롯되었다. 열기관을 설명하면서 우리는 자연스레 '온열조로부터 냉열조로 열이 흐른다'고 가정한다. 하지만 만일 차가운 곳에서 뜨거운 곳으로 열을 저절로 내보내는 물리 과정이 있다면 무슨 일이 벌어질까? 그런 과정이 있다면 바깥에서 일해주지 않아도 작동하는 냉기관을 만들 수 있다.

열기관은 온열조에서 냉열조로 열을 흐르게 함으로써 일하는 물리계다. 반면 냉기관은 바깥에서 일해줌으로써 온열조에서 냉열조로 열을 억지로 내보내는 물리계다. 냉기관에서 열원은 냉열조이고 열침은 온열조다. 냉기관은 크게 냉각기와 열펌프로 나눌 수 있다. 열펌프는 차가운 바깥 열원에서 열을 빼내 따뜻한 실내로 내보냄으로써 그 실내 온도를 더 높이는 기관이다. 이처럼 열펌프의 열침은 따뜻한 실내며 열펌프의 열원은 차가운 바깥 대기거나 땅속이다.

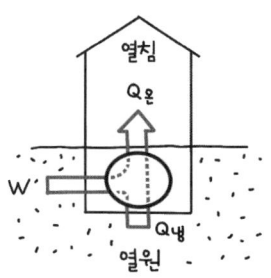

냉각기는 차가운 특정 공간에서 열을 빼내 따뜻한 바깥으로 내보냄으로써 그 특정 공간의 온도를 더 낮추는 기관이다. 냉

각기에는 냉장기, 냉동기, 냉방기가 있다. 냉장고는 보통 냉장기와 냉동기를 함께 갖춘다. 가장 흔한 냉방기는 에어컨 곧 공기조화기공조기다.

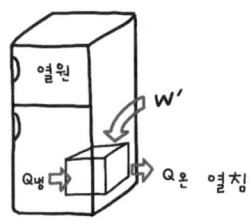

보통의 경우 냉장고의 열침은 건물 안쪽 실내지만 에어컨의 열침은 건물 바깥 실외다.

카르노 냉기관은 한 순환이 마치면 처음 온도, 압력, 부피로 되돌아온다. 이는 카르노 냉기관에서 내부에너지 변화가 0임을 뜻한다. 따라서 열역학 제1법칙에 따라 냉기관으로 흘러온 열 Q에서 냉기관이 바깥에 한 일 W를 빼면 0이다. 곧 $Q - W = 0$. 냉기관이 냉열조에서 뽑아낸 열이 $Q_냉$이고 온열조로 내보낸 열이 $Q_온$이면 냉기관으로 흘러온 알짜 열 Q는 '$Q_냉 - Q_온$'이다. 여기서 '$Q_냉$'과 '$Q_온$'은 둘 다 양수다. "$Q_냉 - Q_온 - W = 0$"이기에 W는 '$Q_냉 - Q_온$'이다. 카르노 열기관은 '$Q_온 - Q_냉$'만큼 일하지만 카르노 냉기관은 '$Q_냉 - Q_온$'만큼 일한다. 한편 바깥에서 냉기관에 해준 일을 W'로 쓰면 W'는 정의상 $-W$다. 따라서 W'는 '$Q_\text{온} - Q_\text{냉}$'이다. 이를 아래처럼 도식화할 수 있다.

냉기관이 작동하려면 바깥에서 냉기관에 일해주어야 한다. 이는 W'가 양수여야 함을 뜻한다. '$W' = Q_\text{온} - Q_\text{냉}$'이기에 $Q_\text{냉}$보다 $Q_\text{온}$이 더 커야 한다. 따라서 냉기관은 차가운 열원에서 뽑아낸 열보다 더 많은 열을 뜨거운 열침으로 내보낸다.

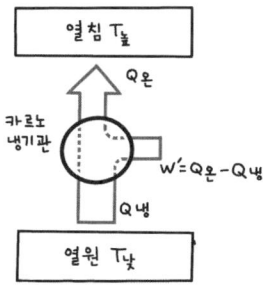

당연히 열기관은 뜨거운 열원에서 뽑아낸 열보다 더 적은 열을 차가운 열침으로 내보낸다.

클라우지우스는 열역학 제2법칙을 "일해주지 않아도 작동하는 냉기관은 없다"로 표현한다. 이 표현을 "표현 C"라 하겠다. 이는 "모든 냉기관은 바깥에서 일해주어야 작동한다"로 바꿔 쓸 수 있다. $Q_\text{온}$과 $Q_\text{냉}$이 같다면 W'는 0이다. 이처럼 만일 $Q_\text{온}$과 $Q_\text{냉}$이 둘 다 같은 값이면 바깥에서 일해주지 않아도

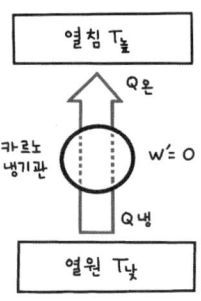

냉기관이 작동할 수 있는 것처럼 보인다. 하지만 표현 C에 따르면 W'가 0인 경우 냉기관은 작동하지 않아야 한다. 이 말은 W'가 0인 경우 $Q_온$과 $Q_냉$이 둘 다 0이어야 함을 뜻한다. 다시 말해 W'가 0이면 냉열조에서 기관으로 열이 흐를 수 없고 기관에서 온열조로 열이 흐를 수 없다. 결국 표현 C는 차가운 곳에서 뜨거운 곳으로 열이 저절로 흐르지 않음을 넌지시 말해 준다. 여기서 "저절로 흐른다"는 '일해주지 않아도 흐른다'나 '해준 일이 없어도 흐른다'를 뜻한다. "저절로 흐르지 않는다"는 '일해주지 않으면 흐르지 않는다'나 '일해주어야 흐른다'를 뜻한다.

 이제 "일해주지 않는 한 열은 차가운 곳에서 뜨거운 곳으로 흐를 수 없다"를 "표현 A"라 하겠다. 1851년 논문에서 켈빈은 이를 "한 물체에서 온도가 더 높은 다른 물체로 열을 실어나르는 기계 하지만 외부의 대행 없이 홀로 작동하는 기계는 불가능하다"로 표현했다. 우리는 표현 A와 표현 C가 뜻이 같음을 증명할 수 있다. 표현 ㄱ과 표현 ㄴ이 뜻이 같음을 보이려면 "표현 ㄱ이 참이면 반드시 표현 ㄴ도 참이고, 표현 ㄴ이 참이면 반드시 표현 ㄱ도 참이다"를 보여야 한다. 물론 "표현 ㄱ이 참이면 반드시 표현 ㄴ도 참이고, 표현 ㄱ이 거짓이면 반드시 표현 ㄴ도 거짓이다"를 보여도 되고, "표현 ㄱ이 거짓이면 반드시 표현 ㄴ도 거짓이고, 표현 ㄴ이 거짓이면 반드시 표현 ㄱ도 거짓이다"를 보여도 된다.

먼저 (i) 표현 C가 거짓이면 표현 A도 거짓임을 증명하려 한다. 표현 C가 거짓이면 일해주지 않아도 작동하는 모종의 냉기관 SR이 있다. 냉기관 SR을 쓰면 일해주지 않아도 열은 차가운 곳에서 뜨거운 곳으로 흐를 수 있다. 이는 표현 A가 거짓임을 뜻한다. 따라서 만일 표현 C가 거짓이면 반드시 표현 A도 거짓이다. 그다음 (ii) 표현 A가 거짓이면 표현 C도 거짓임을 증명하려 한다. 표현 A가 거짓이면 일해주지 않아도 열은 차가운 곳에서 뜨거운 곳으로 흐를 수 있다. 이 경우 우리는 일해주지 않아도 작동하는 냉기관을 만들 수 있다. 따라서 표현 A가 거짓이면 표현 C도 거짓이다. (i)과 (ii)로부터 표현 C와 표현 A는 뜻이 같다.

이제 표현 A와 표현 K가 뜻이 같음을 증명하려 한다. 먼저 (*iii*) 표현 K가 거짓이면 표현 A도 거짓임을 증명하겠다. 표현 K는 "한 열조로부터 열을 받아 그것을 모두 일로 바꾸는 열기관은 없다"였다. 표현 K가 거짓이면 한 열조로부터 열을 받아 그것을 모두 일로 바꾸는 모종의 열기관 SE가 있다. 열기관 SE를 쓰면 한 열조로부터 열을 받아 그것을 모두 일로 바꿀 수 있다. 열기관 SE를 아무 냉기관과 연결하여 복합기관을 만든다. 먼저 SE를 써서 한 열조 A에서 열 Q를 빼내어 바깥에 일 W를 한다. 이렇게 만들어진 W로 복합기관 안의 냉기관을 움직인다. 이 냉기관을 써서 열조 A로부터 그보다 더 따뜻한 열조 B로 열을 보낸다. 냉열조로부터 온열조로 보내 수 있는 열의 양이 적든 많든, 열기관 SE를 장착한 이 복합기관은, 열을 차가운 곳에서 뜨거운 곳으로 흐르게 했다. 이 복합기관 바깥에서 별도의 일이 이 기관에 주어지지 않았다. 따라서 바깥에서 일해주지 않아도 열은 차가운 곳에서 뜨거운 곳으로 흐를 수 있다. 이는 표현 A가 거짓임을 뜻한다. 따라서 표현 K가 거짓이면 표현 A도 거짓이다.

그다음 (*iv*) 표현 A가 거짓이면 표현 K도 거짓임을 증명하겠다. 표현 A가 거짓이면 일해주지 않아도 열을 차가운 곳에서 뜨거운 곳으로 내보내는 모종의 과정 SP가 있다. 우리는 열기관을 써서 온열조에서 열 $Q_{온}$을 뽑아 냉열조로 열 $Q_{냉}$

을 보낸다. 이 열기관은 최대 '$Q_\text{온} - Q_\text{냉}$'만큼 일한다. 이제 냉열조에 과정 SP를 적용하여, 냉열조로 들어온 열 $Q_\text{냉}$을, 바깥에서 일해주지 않은 채, 다시 온열조로 내보낸다. 열 $Q_\text{냉}$이 온열조로 다시 들어왔기에 결국 온열조에서 빠져나온 알짜 열은 '$Q_\text{온} - Q_\text{냉}$'이다. 결국 이 열기관은 한 열조에서 열 '$Q_\text{온} - Q_\text{냉}$'을 뽑아 '$Q_\text{온} - Q_\text{냉}$'만큼 일한 셈이다. 다시 말해 이 기관은 한 열조로부터 흘러온 열을 모두 일로 바꾸었다. 이것은 표현 K가 거짓임을 뜻한다. 따라서 표현 A가 거짓이면 표현 K도 거짓이다. 결국 (iii)과 (iv)로부터 표현 K와 표현 A는 뜻이 같다.

간추리면 표현 A와 표현 C는 뜻이 같고 표현 A와 표현 K는 뜻이 같다. 따라서 표현 C와 표현 K도 뜻이 같다. 결국 표현 A, 표현 C, 표현 K는 모두 뜻이 같다. 열역학 제2법칙은 여러 가지 모습으로 표현할 수 있다.

A: 일해주지 않는 한 열은 차가운 곳에서 뜨거운 곳으로 흐를 수 없다.

C: 냉기관은 바깥에서 일해주어야 작동한다.

K: 한 열원으로부터 열을 받아 그것을 모두 일로 바꾸는 열기관은 없다.

K′: 한 물리계 바깥에서 열을 받아 그것을 모두 일로 바

꾸는 물리 과정은 없다.

클라우지우스는 이 표현들에 만족하지 못한다. 그는 열역학 제2법칙을 더 잘 표현하려고 개념 '엔트로피'를 만든다.

0403. 카르노 정리

카르노 열기관은 한 순환을 마치면 처음 상태로 되돌아온다. 이 때문에 열기관의 내부에너지도 처음 값으로 되돌아오는데 내부에너지 차이 ΔU는 0이다. 따라서 열역학 제1법칙에 따르면 열기관에 흘러온 알짜 열 Q는 카르노 열기관이 한 일 W와 같다. 이처럼 카르노 열기관은 에너지가 새로 생기거나 없어지지 않은 채 카르노 기관에 들어온 모든 열이 일로 바뀐다. 이것은 카르노 열기관이 효율이 가장 좋은 열기관임을 뜻한다.

열기관의 효율은 열기관에 들어온 열 $Q_온$과 그 열기관이 한 일 W의 비로 정의한다. 곧

$$e = \frac{W}{Q_온}$$

효율을 '$W/(Q_온 - Q_냉)$'으로 잘못 정의하면 카르노 열기관의 효율은 100%다. 초기 증기기관의 효율은 2% 정도였다 한다. 오늘날 불꽃 점화 자동차의 효율은 25% 정도고 디젤 엔진은 40% 정도다. 대형 가스-증기 복합 열기관은 60%까지 이른다. 한편 W는 '$Q_온 - Q_냉$'이기에 에너지 효율은

$$e = \frac{Q_온 - Q_냉}{Q_온} = 1 - \frac{Q_냉}{Q_온}$$

으로 표현된다. 만일 $Q_냉$이 0이면 열기관의 에너지 효율은 100%다. 냉열조 열침의 온도가 절대영도가 아닌 한 $Q_냉$은 0일 수 없다. 따라서 냉열조의 온도가 절대영도가 아닌 한 열기관의 효율은 언제나 1보다 작다.

열기관을 만들려면 적어도 두 열조가 있어야 한다. 열조 곧 열 저장조는 정의상 열 접촉해도 그 온도가 바뀌지 않는 물리계다. 따라서 한 열조를 특징짓는 것은 오직 그것의 온도뿐이다. 결국 열기관을 만들려면 온도가 다른 두 열조를 마련해야 한다. 온도가 다른 두 열조를 써서 여러 가지 열기관을 만들 수 있겠다. 카르노 열기관은 그 가운데 하나다. 주어진 두 열조를 써서 카르노 열기관보다 효율이 더 좋은 기관을 만들 수는 없는가? 카르노 열기관은 열원에서 열 $Q_온$을 흡수하여 W만큼 일한 뒤 열 '$W - Q_온$'을 열침으로 배출한다. 카르노 열기관의 효율은 $W/Q_온$인데 이것보다 효율이 더 높으려면 $Q_온$보다 적은 열을 흡수하여 W만큼 일할 수 있어야 한다.

카르노 열기관보다 효율이 더 높은 열기관을 "쿠르노 열기관"이라 하겠다. 카르노 열기관과 쿠르노 열기관은 똑같은 온열조에 열 접촉하고 똑같은 냉열조에 열 접촉한다. 두 기관은 각기 W만큼 일한다. 온열조에서 $Q_온$만큼 카르노 열기관으로 열이 흐르지만 쿠르노 열기관으로는 $Q_쿠$만큼 흐른다. 쿠르노 열기관이 카르노 열기관보다 효율이 더 높다면 "$W/Q_크$ > $W/Q_온$"이 성립해야 한다. 여기서 $W/Q_온$은 카르노 열기관의 효율이고 $W/Q_크$는 쿠르노 열기관의 효율이다. 이로부터 "$Q_온$ > $Q_크$"를 얻는다. 이처럼 쿠르노 열기관은 열원에서 더 적은 열을 받고도 카르노 열기관과 똑같은 일을 한다.

이제 카르노 냉기관을 마련해 이를 쿠르노 열기관과 결합한다. 쿠르노 열기관은 온열조에서 열 $Q_크$를 빼냄으로써 W만큼 일하고 카르노 냉기관은 이 W의 일을 써서 냉열조에서 온열조로 열 $Q_온$을 보낸다. 결국 온열조에서 $Q_크$만큼 열이 빠져나오고 $Q_온$만큼 열이 다시 들어간다. 온열조로 들어간 알짜 열은 '$Q_온 - Q_크$'다. 카르노 냉기관과 쿠르노 열기관을 복합한 이 기관은 바깥에서 일해주지 않고도 냉열조에서 온열조로 알짜 열 '$Q_온 - Q_크$'를 흘려보낼 수 있다. $Q_온$이 $Q_크$보다 크기에 '$Q_온 - Q_크$'는 양수다. 따라서 이 복합기관은 바깥에서 일해주지 않고도 냉열조에서 온열조로 열을 흘려보낸 셈이다. 이것은 열역학 제2법칙을 어기는 일이다.

이처럼 만일 카르노 열기관보다 효율이 더 높은 열기관이 있으면 열역학 제2법칙을 어기는 일이 생긴다. 열역학 제2법칙이 옳다면 쿠르노 열기관 같은 것이 있어서는 안 된다. 따라서 카르노 열기관보다 효율이 더 높은 열기관은 없다. 달리 말해 카르노 열기관은 가장 효율이 높은 열기관이다. 비슷한 방식으로 카르노 냉기관보다 효율이 더 높은 냉기관이 없음을 증명할 수 있다. 열역학 제2법칙은 열기관 및 냉기관의 효율성에 한계를 긋는다. 이 점에서 이 법칙 안에는 열역학 과정의 '방향' 개념과 '완료' 개념뿐만 아니라 '완전'이나 '완벽' 개념도 담겼다.

카르노 열기관은 가장 효율이 높은 열기관이며 카르노 냉기관은 가장 효율이 높은 냉기관이다. 카르노 열기관의 효율 '$1 - Q_냉/Q_온$'은 열기관의 최대 효율이다. '$1 - Q_냉/Q_온$'을 결정짓는 값은 $Q_냉$과 $Q_온$뿐이다. 이처럼 카르노 기관의 효율은 이 기관을 이루는 물질이나 그 구조에 아랑곳하지 않는다. 카르노 열기관은 열조 안팎으로 오간 열에 따라 그 효율이 결정될 뿐이다. 열조를 특징짓는 것은 오직 그것의 온도뿐이다. 따라서 열조 안팎으로 오가는 열의 양은 아마도 그 열조의 온도에 따라 결정될 것이다. 열원의 온도와 열침의 온도가 각각 같다면 카르노 열기관들은 모두 똑같은 효율을 갖는다. 명제 "카르노 기관보다 더 효율이 높은 기관은 없으며 모든 카르노 기관은 똑같은 효율을 갖는다"를 "카르노 원리" 또는 "카르노 정리"라 한다. 카르노 원리 덕분에 우리는 카르노 기관을 탐구함으로써 온도 개념을 더 잘 이해할 수 있다. 이윽고 켈빈은 카르노 원리를 바탕으로 절대온도를 정의한다.

0404. 절대온도

우리는 '온도 지점'과 '온도 간격'을 구별해야 한다. 지금 여기 온도는 섭씨 영상 20도인데 여기서 '섭씨 영상 20도'는 온도 지점이다. "지금 온도는 얼마인가?"는 온도 지점을 묻는다. 반면 "온도가 얼마큼 바뀌었는가?"는 온도 간격을 묻는다. 섭씨 영상 10도와 섭씨 영상 30도 사이에는 섭씨 20도만큼 온도 간격이 있다. 두 온도 지점 사이의 1도 온도 간격을 "1도 크기"라 하겠다. 켈빈은 1848년 논문에서 '1도 크기'를 카르노 열기관이 한 순환 동안 일정량만큼 일하는 데 필요한 열원과 열침의 온도 간격으로 정의한다. 그 일정량의 일을 임시로 "1켈"이라 하겠다. 이제 우리는 1도 크기를 대략 다음과 같이 정의한다. "1도 크기는 한 순환 동안 1켈만큼 일하는 데 필요한 최소 온도 간격이다." 이렇게 정의된 온도 간격으로 온도 눈금을 새기면 절대온도 눈금 곧 "케이" 눈금이 생긴다.

    케이 눈금 정의에 따르면 두 열조 온도가 각각 1001케이와 1000케이면 카르노 기관은 한 순환 동안 최대 1켈만큼 일한다. 마찬가지로 두 열조 온도가 각각 101케이와 100케이여도 카르노 기관은 한 순환 동안 최대 1켈만큼 일한다. 이런 식으로 우리는 특정 온도 지점에 아랑곳하지 않고 각 온도 간격을 한결같이 정의할 수 있다. 이것이 켈빈이 세운 절대온도의 첫째 정의다. 하지만 이 정의에 따르면 두 열조가 −100케이와 −101케이인 경우에도 카르노 열기관은 한 순환 동안 최대 1켈만큼 일한다. 이 때문에 켈빈의 첫째 정의에는 '절대영도' 개념이 없다.

켈빈은 1849년 논문 「카르노의 열 동력 이론에 대한 설명」에서 열기관이 한 일은 열기관으로 흘러온 열에 비례한다고 생각한다. 나아가 그 일은 두 열조의 온도 차이에도 비례한다고 생각한다. 온열조의 온도가 $T_\text{높}$이고 냉열조의 온도가 $T_\text{낮}$이면 두 열조의 온도 차이는 '$T_\text{높} - T_\text{낮}$'이다. 열기관이 한 일 W, 열기관으로 흘러온 열 Q, 두 열조의 온도 차이 '$T_\text{높} - T_\text{낮}$' 사이에 아마도 다음 관계가 성립할 것이다.

(1) $W = cQ(T_\text{높} - T_\text{낮})$

여기서 비례 상수 c를 "카르노 계수" 또는 "카르노 승수"라 한다. 제임스 줄은 열의 단위를 일의 단위로 환산하는 상수를 얻었다. 곧 1칼로리는 4.2줄에 해당한다. 우리는 Q가 이미 줄 단위로 재조정되었다고 가정한다.

카르노 이론에 따르면 온열조에서 열기관 안으로 들어온 모든 열은 냉열조로 그대로 빠져나간다. 켈빈은 줄의 영향을 받아 1851년 이후 카르노의 이론을 수정한다. 만일 열기관이 조금이라도 일한다면 들어온 열이 모두 빠져나갈 수는 없다. 식 (1)에 나오는 Q가 '열기관으로 들어온 알짜 열'인지 '온열조에서 열기관으로 들어온 열'인지 잘 가려야 한다. 열역학 제1법칙에 따르면 W는 '열기관으로 들어온 알짜 열'과 같다. 이 때문에 식 (1)의 Q는 '온열조에서 열기관으로 들어온 열' $Q_\text{온}$이어야 한다. 나아가 켈빈은 카르노 계수를 '함수'로 여기고 이를 "카르노 함수"라 달리 부른다. 카르노 함수 c는 특정 물질의 속성과 무관하며 다만 온도에 따라 달라진다.

만일 열원과 열침의 온도 차이 '$T_\text{높} - T_\text{낮}$'이 아주 작다면 $T_\text{높}$에서 c와 $T_\text{낮}$에서 c는 거의 같다. 열원과 열침 사이에 ΔT만큼 작은 온도 차이가 있다면 아마도

$$W = cQ_\text{온}\Delta T$$

가 성립한다. 곧 카르노 열기관이 한 일은 '온열조에서 열기관으로 들어온 열' $Q_\text{온}$과 '두 열조의 온도 차이' ΔT에 비례한다. 한편 줄은 c가 온도에 반비례하리라 추측했고 켈빈은 이를 받아들였다.

줄과 켈빈이 함께 쓴 1854년 논문에서 켈빈은 매우 과감하게도 온도를 "카르노 함수의 역수"로 정의한다.

$$T = \frac{1}{c}$$

결국 켈빈은 카르노 기관에서 일, 열, 온도 사이의 다음 관계를 얻는다.

(2) $W = \dfrac{Q_\text{온} \Delta T}{T}$

이 식은 온열조와 냉열조 사이의 온도 차이가 매우 작을 때 성립한다. 켈빈은 더 바탕이 되는 법칙이나 정의를 써서 식 (2)를 유도하려 한다. 카르노 열기관의 처음 온도는 $T_\text{높}$인데 순환이 끝나면 다시 $T_\text{높}$으로 되돌아온다. 이 점에서 카르노 열기관을 특징짓는 온도는 $T_\text{높}$이다. 켈빈에게 카르노 함수는 해당 열기관을 특징짓는 함수여야 하기에 카르노 함수 $1/T$에서 T는 $T_\text{높}$이다.

두 열조의 온도 차이 '$T_\text{높} - T_\text{낮}$'이 상당히 작다면 식 (2)는

$$W = \dfrac{Q_\text{온}(T_\text{높} - T_\text{낮})}{T_\text{높}}$$

으로 바꿀 수 있다. 카르노 기관은 '$Q_\text{온} - Q_\text{냉}$'만큼 바깥에 일하기에 W자리에 '$Q_\text{온} - Q_\text{냉}$'을 넣는다. 곧 $Q_\text{온} - Q_\text{냉} = Q_\text{온}(T_\text{높} - T_\text{낮})/T_\text{높}$. 이로부터 '$(T_\text{높} - T_\text{낮})/T_\text{높} = (Q_\text{온} - Q_\text{냉})/Q_\text{온}$'을 얻고 이를 간추리면 '$1 - T_\text{낮}/T_\text{높} = 1 - Q_\text{냉}/Q_\text{온}$'이다. 따라서

(3) $\dfrac{Q_\text{냉}}{Q_\text{온}} = \dfrac{T_\text{낮}}{T_\text{높}}$

곧 온열조에서 카르노 기관으로 들어온 열 $Q_온$과 카르노 기관에서 냉열조로 빠져나간 열 $Q_냉$ 사이의 비는 온열조의 온도 $T_높$과 냉열조의 온도 $T_낮$ 사이의 비와 같다. 켈빈은 식 (3)을 법칙 또는 원리로 삼고 이를 바탕으로 식 (2)를 도출한다. 한편 애초에 $Q_냉$과 $Q_온$은 음의 값을 갖지 않도록 설정했기에 '$Q_냉/Q_온$'은 양수다. 만일 식 (3)으로 절대온도를 정의한다면 $T_낮$과 $T_높$은 같은 부호를 가져야 한다. 이 경우 절대온도는 양의 값과 음의 값을 모두 가질 수는 없다. 높은 온도 값을 양수로 잡는다면 가장 낮은 온도 값은 0이다.

식 (3)에 나오는 값들은 모두 카르노 기관에 나오는 물리량들이다. 우리는 물체 ㅁ의 온도 $T_모$를 재려 한다. 물체 ㅇ은 이미 온도가 알려졌고 그 값은 $T_알$이다. 물체 ㅁ과 물체 ㅇ을 두 열조로 삼아 카르노 순환을 시킨다. 만일 $T_모$가 $T_알$보다 크다면 물체 ㅁ에서 열기관으로 열 $Q_온$이 들어가고 열 $Q_냉$이 물체 ㅇ으로 빠져나간다.

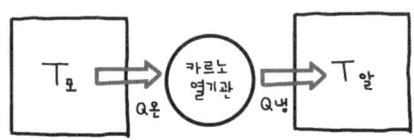

식 (3)에 따라 "$Q_냉/Q_온 = T_알/T_모$"이 성립하기에 $T_모$는 다음과 같다.

(4) $T_모 = \dfrac{T_알 Q_온}{Q_냉}$

카르노 순환에서 얼마의 열이 열기관으로 들어오고 얼마의 열이 빠져나가는지 잴 수 있다면 우리는 $T_알$을 써서 $T_모$를 잴 수 있다. 이것이 켈빈이 제안한 절대온도의 둘째 정의다.

오늘날 측정과 정의에서 $T_알$의 기준이 되는 열조는 삼중점의 물 저수지다. 한 물질은 삼중점에서 고체 상태, 액체 상태, 기체 상태가 공존한다. 얼음, 물, 김이 공존하는 물의 삼중점 온도를 "273.16케이"로 정의한다. 이렇게 정의함으로써 삼중점에 있는 물 저수지의 온도 값 자체가 약정된다. 곧 삼중점에 있는 물 저수지의 $T_알$은 정의상 273.16케이다. 기존 섭씨 온도 눈금에서 물의 삼중점은 0.1도씨였다. 이처럼 절대온도 눈금과 섭씨온도 눈금의 차이는 273.15다. 결국 절대온도 T와 섭씨온도 C 사이에 "$T = C + 273.15$"가 성립한다. 절대온도 0도 곧 0케이는 섭씨 영하 273.15도씨인데 이는 줄과 켈빈이 1854년에 주장한 영하 273.7도씨와 거의 일치한다.

식 (4)에 따라 모르는 물체의 온도를 측정하려면 카르노 열기관을 만들어 $Q_온$과 $Q_냉$을 측정해야 한다. 르뇨는 실제로 $Q_온$과 $Q_냉$을 측정하려고 애썼고 켈빈은 자신의 온도 정의가 르노의 실험 결과와 어긋나지 않는다고 생각했다. 물론 당시에 열량을 측정하려면 수은온도계든 공기온도계든 기존 온도계를 써야 한다. 대상의 온도를 측정하지 않은 채 대상에 흐르는 열량을 측정할 방법은 당시에 없었다. 더구나 카르노 열기관은 현실 세계에 구현할 수 없는 이상화된 열기관이다. 이는 실제 측정을 거쳐 '절대온도' 개념을 또렷이 할 수 없음을 뜻한다. 우리는 그냥 이상기체 법칙 "$PV = kNT$"에 나오는 온도 T가 켈빈이 새로 정의한 '절대온도' 개념임을 요구하는 것이 가장 낫다. 이것은 아몽통 온도를 절대온도로 여기는 길이기도 하다. 아몽통 절대온도 개념에 따르면 가장 낮은 온도에서 기체의 부피와 압력은 0이며 이때 온도는 정의상 0도다.

카르노 열기관에서 '일하는 물질'이 이상기체면 카르노 순환에서 "$Q_냉/Q_온 = T_낮/T_높$"이 성립함을 증명할 수 있다. 먼저 온열조에서 열기관으로 흘러온 $Q_온$은 첫째 행정에서 열기관이 한 일과 같다. 그다음 열기관에서 냉열조로 빠져나간 열 $Q_냉$은 셋째 행정에서 열기관이 받은 일과 같다. 이들 과정에서 하거나 받은 일은 PdV의 적분이다. 여기서 dV는 아주 작은 부피 변화다. P는 kNT/V이니 PdV는 $kNTdV/V$다. 전체 카르노 순환 동안 k와 N은 상수고 첫째 행정과 셋째 행정에서 T는 바뀌지 않는다. 결국 'dV/V'만 적분하면 되는데 이 적분은 그다지 어렵지 않다. 이상기체의 부피 변화를 알면 카르노 열기관에서 '$Q_냉/Q_온$'을 셈할 수 있다. 한편 둘째 행정과 넷째 행정은 단열 과정이다. 약간의 가정을 써서 단열 과정에서 기체의 부피 변화를 셈한다. 이로부터 마침내 켈빈의 절대온도 정의 "$Q_냉/Q_온 = T_낮/T_높$"을 유도할 수 있다. 이처럼 이상기체 법칙 "$PV = kNT$"에 나오는 아몽통 절대온도는 켈빈의 절대온도 정의와 어긋나지 않는다.

한편 만일 이상기체로 공기 온도계를 만들면 이 온도계 안의 기체는 "$PV = kNT$"를 만족한다. 이상기체 온도계의 압력이나 부피를 측정함으로써 우리는 대상의 절대온도를 측정할 수 있다. 하지만 우리는 이상기체로 만든 온도계를 결코 장만할 수 없다. 실제 온도계는 다만 실제 기체로 만든 온도계일 뿐이다. 실제 공기 온도계로 절대온도를 측정하려면 실제 공기의 압력, 부피, 온도 사이의 관계식을 새로 얻어야 한다. 줄과 켈빈은 이 관계식을 얻으려고 애썼고 일부 성과를 1862년 논문에 발표한다. 이 결과에 따르면 이론을 거쳐 정의된 절대온도는 실제 온도계의 조작 과정으로 얻은 측정값에서 크게 벗어나지 않는다. 이로써 켈빈의 절대온도 개념은 실제 현상에 깊이 뿌리내린 개념으로 인정받는다.

0405. 온도 간격

켈빈은 처음에 온도 간격이 일의 관점에서 똑같도록 절대온도를 정의하려 했다. 일의 차원에서 0도와 1도 사이 온도 간격은 1도와 2도 사이 온도 간격과 똑같아야 한다. 열기관이 열조 0도와 열조 10도 사이에서 한 순환 동안 최대 $10W$만큼 일한다면, 열기관은 1도 온도 간격을 갖는 두 열조 사이에서 한 순환 동안 최대 W만큼 일해야 한다. 다시 말해 열기관은 열조 0도와 열조 1도 사이에서 최대 W만큼 일하고, 열조 1도와 열조 2도 사이에서 최대 W만큼 일하고, 열조 9도와 열조 10도 사이에서 최대 W만큼 일한다. 이 때문에 그는 "1도 크기"를 '열기관이 일정량의 일을 만드는 데 필요한 온도 차이'로 정의한다. 이것이 그의 첫째 절대온도 정의다. 그는 이렇게 정의할 수 있는 실마리를 카르노 열기관에서 찾는다. 왜냐하면 카르노 열기관은 열에서 일을 만드는 완전한 기관이기 때문이다.

절대온도의 첫째 정의를 써서 둘째 정의를 정당화하고자 한다. 먼저 카르노 열기관 A, B, C를 생각하겠다. 열기관 A는 온도 T_2의 열조 R2에서 열 Q_2를 뽑아 온도 T_1의 열조 R1로 열 Q_1을 보냄으로써 W_A만큼 일한다. 열기관 B는 온도 T_3의 열조 R3에서 열 Q_3을 뽑아 온도 T_2의 열조 R2로 열 Q_2를 보냄으로써 W_B만큼 일한다. 열기관 A와 B 사이에 열조 R2가 있다.

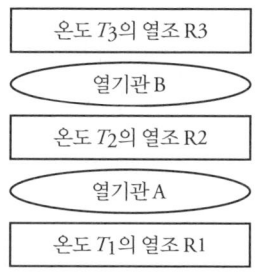

열역학 제1법칙에 따르면 W_A는 기관 A에 들어온 알짜 열 '$Q_2 - Q_1$'과 같고, W_B는 기관 B에 들어온 알짜 열 '$Q_3 - Q_2$'와 같다. 열기관 A와 B의 복합기관이 한 일은 '$W_A + W_B$'다. 이는 '$Q_2 - Q_1 + Q_3 - Q_2$'인데 곧 '$Q_3 - Q_1$'이다.

열기관 C는 온도 T_3의 열조 R3에서 열 Q_3을 뽑아 온도 T_1의 열조 R1로 열 Q_1을 보냄으로써 W_C만큼 일한다.

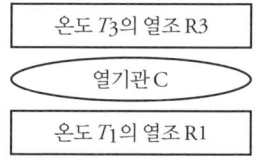

열역학 제1법칙에 따르면 W_C는 기관 C에 들어온 알짜 열 '$Q_3 - Q_1$'과 같다. 한편 열기관 A와 B의 복합기관에서 열조 R2는 열기관 B에서 받은 열을 그대로 열기관 A로 내보낸다. 결국 열기관 A와 B의 복합기관은 열조 R3에서 열 Q_3을 뽑아 열조 R1로 열 Q_1을 보낸다. 열기관 A와 B의 복합기관 안으로 들어온 알짜 열은 $Q_3 - Q_1$이고 꼭 이만큼 일한다. 이는 열기관 C가 하는 역할과 똑같다. 방금 이 이야기는 열조 R2의 온도와 관계없이 성립한다.

카르노 열기관 A, B, C의 효율 '$1 - Q_냉/Q_온$'을 결정하는 것은 각 열조를 오가는 열량비 '$Q_냉/Q_온$'이다. 열조는 열이 흐르더라도 그 온도가 바뀌지 않는 물리계이기에 한 열조를 특징짓는 유일한 물리량은 그것의 온도다. 이제 열조들 사이를 오가는 열량비 '$Q_냉/Q_온$'을 결정하는 것이 오직 그 열조들의 온도 $T_낮$과 $T_높$뿐이라 가정한다. 이를 수식으로 표현하면 '$Q_냉/Q_온$'은 $T_낮$과 $T_높$의 함수다. 곧

$$(1)\ \frac{Q_온}{Q_냉} = f(T_낮, T_높)$$

우리는 함수 f의 꼴을 찾고 싶다.

열기관 A, B, C는 온도 T_1, T_2, T_3의 열조들과 열 접촉한다. 이들 온도 T_1, T_2, T_3이 무엇이든 다음이 성립한다.

$$\frac{Q_2}{Q_1} = f(T_1, T_2)$$

$$\frac{Q_2}{Q_3} = f(T_2, T_3)$$

$$\frac{Q_1}{Q_3} = f(T_1, T_3)$$

당연히 함수 $f(T_1, T_3)$은 온도 T_2와 무관하다. 한편 Q_1/Q_3은 $(Q_1/Q_2)(Q_2/Q_3)$와 같기에 다음 식을 얻는다.

$$f(T_1, T_3) = f(T_1, T_2) \cdot f(T_2, T_3)$$

여기서 가운뎃점은 그냥 숫자 곱하기다. 이 식은 온도 T_2가 무엇이든 성립한다.

함수 $f(T_1, T_3)$이 온도 T_2와 무관하듯이 함수 $f(T_1, T_2) \cdot f(T_2, T_3)$도 온도 T_2와 무관해야 한다. $f(T_1, T_2) \cdot f(T_2, T_3)$에서 T_2의 이바지가 사라지려면 $f(T_1, T_2)$에서 T_2의 이바지가 $f(T_2, T_3)$에서 T_2의 이바지를 없애야 한다. 이는 함수 f가 다음 꼴이어야 함을 말한다.

$$(2)\ f(X, Y) = \frac{t(X)}{t(Y)}$$

이 함수 꼴을 따라 셈하면 $f(T_1, T_2) \cdot f(T_2, T_3) = \{t(T_1)/t(T_2)\}\{t(T_2)/t(T_3)\} = t(T_1)/t(T_3) = f(T_1, T_3)$이 성립한다. 따라서 식 (1)과 식 (2)로부터 열량비 '$Q_냉/Q_온$'이 다음 꼴을 지님을 알 수 있다.

$$(3)\ \frac{Q_냉}{Q_온} = f(T_낮, T_높) = \frac{t(T_낮)}{t(T_높)}$$

어울리는 함수 *ƒ*를 찾아 온도 *T*를 열 *Q*와 관계짓는다면 켈빈의 첫째 정의에 맞는 절대온도 정의를 찾을 수 있다. 이렇게 정의된 온도 눈금을 "열역학 온도 눈금"이라 한다. 반면 '경험 온도 눈금'은 압력 변화나 부피 변화의 경험을 쌓아가며 온도를 정의함으로써 만든 온도 눈금이다.

함수 *ƒ*의 꼴에 여러 가능성이 있다. 오가는 열 $Q_냉$과 $Q_온$이 양수이기에 온도 값 $T_낮$과 $T_높$도 양수라고 가정하겠다. 이 경우 함수 *ƒ*는 양수를 양수로 보내는 함수면 좋겠다. 온도를 괜히 복잡하게 정의할 필요가 없다. 이 때문에 켈빈은 가장 단순한 함수 꼴을 채택한다. 그가 채택한 함수 *ƒ*의 꼴은 "*ƒ*(*T*) = *T*"다. 이 꼴을 식 (3)에 적용하여

$$\frac{Q_냉}{Q_온} = \frac{T_낮}{T_높}$$

을 얻는다. 바로 이것이 켈빈이 제안한 절대온도의 둘째 정의다. 함수 *ƒ*의 꼴에 다른 가능성이 있기에 "$Q_냉/Q_온 = T_낮/T_높$"은 절대온도의 유일한 정의가 아니다. 다만 켈빈은 오랜 경험 탐구로 만들어진 기존 온도계 눈금과 아몽통 온도 개념에 잘 맞도록 절대온도를 정의했을 뿐이다. 그는 열역학 온도 눈금과 경험 온도 눈금을 조화시키는 함수 *ƒ*의 꼴을 찾은 셈이다.

이제 켈빈의 절대온도 정의에서 각 온도 간격이 일의 관점에서 한결같음을 증명하려 한다. 카르노 열기관 C를 생각하겠다. 이 기관은 절대온도 10도의 열조 R10에서 열 Q를 받아 $10W$만큼 일한 뒤 절대온도 0도의 열조 R0으로 열을 보낸다.

R10 - C - R0

켈빈의 절대온도 정의 '$Q_냉/Q_온 = T_낮/T_높$'에 따르면 '$Q_냉 = T_낮 Q_온/T_높$'이다. 이로부터 절대온도 0도의 열조로 흘러가는 열 $Q_냉$이 0임을 알 수 있다. 곧 카르노 열기관 C에서 열조 R0으로 흘러가는 열은 0이다. 카르노 순환이 마친 뒤 열기관은 처음 상태로 되돌아가기에 내부에너지 변화는 없다. 따라서 카르노 열기관 C에서 열기관이 받은 열 Q는 모두 $10W$만큼의 일로 바뀐다. 곧 "$Q = 10W$"가 성립한다.

기존 열기관 C를 빼고 열조 R0과 열조 R10 사이에 다른 열조들 R1, R2, $\cdots$, R9를 마련한다. 이들 열조의 온도는 각각 $T_1, T_2, \cdots, T_9$다. 각 열조 사이에 카르노 열기관 C1, C2, C3, $\cdots$, C10을 넣는다.

R10 - C10 - R9 - C9 - R8 - $\cdots$ - C2 - R1 - C1 - R0

그림처럼 열기관 C10의 열원은 열조 R10이고 열침은 열조 R9다. 열기관 C9의 열원은 열조 R9고 열침은 열조 R8이다.

열기관 C1의 열원은 열조 R1이고 열침은 열조 R0이다.

열기관 Cn은 열조 Rn과 열조 Rn-1 사이에 놓인다. 열조 Rn에서 열 Q_n이 열기관 Cn으로 들어와 열조 Rn-1로 열 Q_{n-1}이 빠져나간다. 열기관 Cn으로 들어온 알짜 열은 '$Q_n - Q_{n-1}$'이다. '$Q_n - Q_{n-1} = W$'가 되도록 열조들의 온도를 적절히 설정한다. 예컨대 열조 R10에서 Q_{10}만큼 열이 열기관 C10으로 들어와 W만큼 일한 뒤 Q_9만큼 열이 열조 R9로 빠져나간다. 우리는 카르노 열기관 C1, C2, C3, ⋯, C10을 묶어 이를 하나의 복합 열기관으로 여기겠다.

R10 - C10 - R9 - C9 - R8 - ⋯ - C2 - R1 - C1 - R0

이 복합기관이 한 일은 $10W$다. 열 흐름을 보면 처음에 열조 R10에서 열 Q_{10}이 이 복합기관으로 들어와 마지막에 열 Q_0이 열조 R0에 이른다. 열조 R0의 온도가 절대영도이기에 Q_0은 0이다. 이 복합기관으로 들어온 알짜 열은 Q_{10}이다. 카르노 순환 동안 복합기관의 내부에너지 변화는 없다. 따라서 열역학 제1법칙에 따라 "$Q_{10} = 10W$"가 성립한다. 곧 $W/Q_{10} = 1/10$.

끝으로 각 열조 사이의 온도 차이를 셈한다. 예컨대 열조 R8과 열조 R7 사이의 온도 차이 '$T_8 - T_7$'을 셈하겠다. 먼저

T_8/T_{10}을 셈하는데 분모와 분자에 똑같은 수 T_9를 곱해 다음을 얻는다.

$$\frac{T_8}{T_{10}} = \frac{T_8 T_9}{T_9 T_{10}} = \frac{T_8}{T_9} \cdot \frac{T_9}{T_{10}}$$

절대온도의 정의 "$T_낮/T_높 = Q_냉/Q_온$"에 따르면 '$T_8/T_9 = Q_8/Q_9$'다. 여기서 Q_9는 열조 R9에서 열기관 C9로 들어간 열이고 Q_8은 열기관 C9에서 열조 R8로 들어간 열이다. 물론 Q_8은 열조 R8에서 열기관 C8로 들어간 열량이기도 하다. 아무튼 T_8/T_9 자리에 Q_8/Q_9 따위를 넣어 셈하면 T_8/T_{10}은 Q_8/Q_{10}과 같다.

$$\frac{T_8}{T_{10}} = \frac{T_8}{T_9} \cdot \frac{T_9}{T_{10}} = \frac{Q_8}{Q_9} \cdot \frac{Q_9}{Q_{10}} = \frac{Q_8}{Q_{10}}$$

마찬가지 셈으로 T_7/T_{10}은 Q_7/Q_{10}과 같다. 그다음 '$T_8 - T_7$'을 셈하려고 여기에 T_{10}/T_{10}을 곱한다.

$$\begin{aligned} T_8 - T_7 &= \frac{T_{10}}{T_{10}} (T_8 - T_7) \\ &= T_{10} \left(\frac{T_8}{T_{10}} - \frac{T_7}{T_{10}} \right) \\ &= T_{10} \left(\frac{Q_8}{Q_{10}} - \frac{Q_7}{Q_{10}} \right) \\ &= \frac{T_{10}}{Q_{10}} (Q_8 - Q_7) \end{aligned}$$

앞에서 설정했듯이 '$Q_8 - Q_7$'은 W고 W/Q_{10}는 1/10이다. 결국

$$T_8 - T_7 = \frac{T_{10}}{10}$$

이는 '$T_8 - T_7$'뿐만 아니라 '$T_7 - T_6$'에도 성립한다. 넓게 말해 열조 Rn과 열조 Rn-1 사이의 온도 차이 '$T_n - T_{n-1}$'은 T_{10}/10이다. 열조 R10의 온도 T_{10}은 절대온도 10도이기에 T_{10}/10은 절대온도 '1도' 간격이다.

우리는 절대온도 0도와 10도 사이에 똑같은 일 W를 수행하도록 10등분의 서로 다른 온도를 가진 열조들을 만들었다. 이 경우 이들 열조의 온도 간격은 절대온도 간격으로 1도다. 나아가 온도 0도와 온도 T도 사이에 똑같은 일을 수행하도록 N등분의 서로 다른 온도를 가진 열조들을 만든다면 이들 열조의 온도 간격은 모두 똑같이 T/N다. 따라서 켈빈의 절대온도 둘째 정의에서 '온도 간격'은 어느 온도 지점에서건 에너지, 일, 열의 관점에서 한결같다.

0406. 클라우지우스 부등식

열역학 제2법칙은 "열은 온도가 높은 곳에서 낮은 곳으로 흐른다"를 법칙으로 만든 것이다. 다만 물리계에 일해줌으로써 열이 온도가 낮은 곳에서 높은 곳으로 흐르게 할 수 있다. 또한 열역학 제2법칙에는 "일은 열로 저절로 바뀔 수 있지만 열은 그렇지 않다"가 담겼다. 열을 일로 바꾸려면 특수한 물리계를 써야 한다. 그 물리계는 열을 빨아들인 뒤 그 열의 일부를 다른 곳으로 흘려보낸다. 클라우지우스는 열역학 제2법칙에 담긴 이 모든 내용을 드러내는 새로운 물리량을 정의하는데 바로 '엔트로피'다.

켈빈의 절대온도 정의 "$Q_냉/Q_온 = T_낮/T_높$"에서 $Q_냉$, $Q_온$, $T_낮$, $T_높$은 카르노 열기관을 특징짓는 물리량들이다. 카르노 열기관은 온도 $T_높$의 열원에서 열 $Q_온$을 빼내 온도 $T_낮$의 열침으로 열 $Q_냉$을 내보냄으로써 '$Q_온 - Q_냉$'만큼 일한다. "$Q_냉/Q_온 = T_낮/T_높$"으로부터

$$\frac{Q_냉}{T_낮} = \frac{Q_온}{T_높}$$

을 얻는다. 이를 달리 쓰면

$$\frac{Q_온}{T_높} - \frac{Q_냉}{T_낮} = 0$$

이다. 여기서 $Q_냉$은 열기관에서 냉열조로 빠져나간 열인데 음의 부호를 붙인 '$-Q_냉$'은 냉열조로부터 열기관으로 들어온 열이다.

이제 '$Q_온/T_높 - Q_냉/T_낮 = 0$'이 무엇을 뜻하는지 헤아리겠다. 카르노 열기관은 첫째 행정에서 온도가 $T_높$으로 고정된 상태에서 온열조로부터 $Q_온$만큼 열이 들어온다. 셋째 행정에서 온도가 $T_낮$으로 고정된 상태에서 냉열조로부터 '$-Q_냉$'만큼 열이 들어온다. 둘째 행정과 넷째 행정은 단열 과정이기에 열기관 안으로 들어오는 열은 없다. 카르노 순환 동안 처음에 '$Q_온/T_높$'만큼의 뭔가가 생기고 나중에 '$-Q_냉/T_낮$'만큼의 뭔가가 생긴다. 이 뭔가를 하나의 순환에 걸쳐 모두 더하면 '$Q_온/T_높 - Q_냉/T_낮$'인데 카르노 기관의 경우 이 값은 0이다. 흘러온 열을 ΔQ로 쓴다면 각 행정과 각 과정에서 물리량 $\Delta Q/T$는 매우 중요한 양처럼 보인다. 하나의 순환을 거치는 동안 $\Delta Q/T$를 모두 더하면 카르노 순환의 경우 그 값은 0이다. 물리량 $\Delta Q/T$는 나중에 물리량 '엔트로피'와 관련을 맺는다. 하지만 물리량 $\Delta Q/T$가 곧 엔트로피는 아니다.

임의의 물리계 S가 하나의 순환이 이뤄지는 동안 $\Delta Q/T$를 모두 더하면 무조건 0인가? 여기서 ΔQ는 순환의 각 단계에서 그 물리계 안으로 흘러온 열의 양이고 T는 각 단계에서 그 물리계의 온도다. 물리계 S가 처음 온도 T_1에서 시작해 온도 T_2로 올라가 다시 T_1로 내려오는 순환을 생각하겠다. 이 순환을 "큰 순환"이라 할 텐데 이 큰 순환 과정을 쉽게 분석할 수 있도록 기술하고 싶다. 이를 기술하는 한 방법은 물리계 S를 온도 T_R의 열조 및 카르노 기관 C와 열 접촉하는 것이다. 이를 그림으로 그리면 아래와 같다.

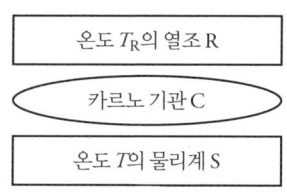

다만 열조 R의 온도 T_R은 물리계 S의 온도보다 높다. 카르노 기관의 처음 온도는 열원의 온도 T_R과 같다. 카르노 기관은 열기관으로 작동되는데 열조 R은 카르노 기관의 열원이고 물리계 S는 카르노 기관의 열침이다.

카르노 기관 C의 온도는 처음 T_R에서 시작해 한 카르노 순환을 마치면 다시 T_R로 돌아온다. 여기서 한 카르노 순환을 "작은 순환"이라 하겠다. 물리계 S의 온도는 처음에 T_1인데 한 작은 순환을 마칠 때까지 물리계 S는 T_1로 줄곧 머문다. 한 작은 순환을 마치면 물리계 S의 온도는 T_1에서 약간 바뀐다.

약간 바뀐 뒤 카르노 기관 C는 다시 작은 순환을 거친다. 이런 식으로 아주 많은 작은 순환을 거치며 물리계 S는 처음 T_1에서 차츰 T_2로 바뀌고 다시 T_1로 되돌아온다. 이처럼 하나의 큰 순환은 아주 많은 작은 카르노 순환들로 이뤄진다. 이 긴 과정을 아주 짧게 쪼개 그때의 열 흐름과 일을 셈하려 하는데 짧은 과정은 각각 하나의 카르노 순환에 대응된다. 작은 카르노 순환 동안 카르노 기관은 온도 T_R의 열조 R로부터 ΔQ_R만큼 열을 받고 바깥에 ΔW_C만큼 일한 뒤 물리계 S로 ΔQ만큼 열을 내보낸다. 한 순환에서 카르노 기관의 $Q_온$은 ΔQ_R이고 $Q_냉$은 ΔQ다. 한 작은 순환 동안에 물리계 S는 온도를 유지해야 하는데 이 과정에서 바깥과 상호작용하며 바깥에 ΔW_S만큼 일한다고 가정한다.

한 작은 순환 동안 카르노 기관 C는 열조 R의 온도 T_R에서 시작해 물리계 S의 온도 T까지 낮아진 뒤 다시 T_R로 되돌아온다. 곧 카르노 순환에서 $T_높$은 T_R이고 $T_낮$은 T다. 카르노 기관에서 "$Q_온/T_높 = Q_냉/T_낮$"이 성립하기에 '$\Delta Q_R/T_R = \Delta Q/T$'가 성립한다. 이로부터

(1) $\Delta Q_R = \dfrac{\Delta Q T_R}{T}$

을 얻는다. 이제 카르노 열기관 C와 물리계 S를 하나로 묶어

이를 한 복합 물리계로 여기겠다. 이 복합 물리계의 이름은 CS다.

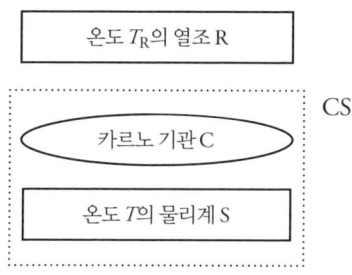

이 복합 물리계 CS는 한 작은 순환 동안 열조 R에서 열 ΔQ_R을 받는데 이것은 이 순환 동안 바깥에서 받은 알짜 열이다. 이 순환 동안 복합 물리계 CS가 바깥에 한 일은 '$\Delta W_C + \Delta W_S$'인데 이를 짧게 ΔW로 쓰겠다. 이 과정에서 복합 물리계 CS의 내부에너지 변화는 ΔU다. 따라서 열역학 제1법칙에 따라

(2) $\Delta U = \Delta Q_R - \Delta W$

가 성립한다.

물리계 S가 처음 T_1에서 차츰 T_2로 바뀌고 다시 T_1로 되돌아오는 순환은 물리계 S의 큰 순환이다. 이 큰 순환은 복합 물리계 CS의 큰 순환이기도 하다. 이제 ΔU, ΔQ_R, ΔW를 복

합 물리계 CS의 큰 순환 동안 모두 더하겠다. '모두 더함'은 말끝 ∑로 나타낸다. 카르노 기관 C와 물리계 S는 각각 처음 상태로 되돌아오기에 복합 물리계 CS도 처음 상태로 되돌아온다. 결국 ΔU를 큰 순환 동안 모두 더하면 0이다. 곧 $\Sigma \Delta U = 0$. 식 (2)로부터 '$\Delta Q_R - \Delta W$'를 큰 순환 동안 모두 더하면 0임을 알 수 있다. 곧 $\Sigma(\Delta Q_R - \Delta W) = \Sigma \Delta Q_R - \Sigma \Delta W = 0$. 따라서

(3) $\Sigma \Delta Q_R = \Sigma \Delta W$.

곧 복합 물리계 CS가 바깥에 한 일 ΔW를 큰 순환 동안 모두 더한 값은 ΔQ_R를 그동안 모두 더한 값과 같다.

복합 물리계 CS는 오직 한 열조 R과 열 접촉한다. 열역학 제2법칙에 따르면 한 열조와 열 접촉함으로써 바깥에 일해 줄 수 있는 기관은 없다. 따라서 복합 물리계 CS가 큰 순환 동안 바깥에 한 일은 0보다 크지 않아야 한다. 곧 $\Sigma \Delta W \leq 0$. 이를 식 (3)에 넣어 '$\Sigma \Delta Q_R \leq 0$'을 얻는다. 식 (1)을 쓰면 $\Sigma \Delta Q T_R / T \leq 0$. 열조의 온도 T_R은 양수이고 작은 순환과 큰 순환 내내 상수이기에 이를 나누어 없앨 수 있다. 따라서

(4) $\sum \dfrac{\Delta Q}{T} \leq 0$.

곧 한 순환 동안 $\Delta Q/T$를 더한 값은 0보다 크지 않다. 물리량

ΔQ와 T는 모두 물리계 S의 물리량이다. 결국 우리는 다음 결론을 얻는다. "한 물리계의 $\Delta Q/T$를 한 순환 동안 더한 값은 0보다 크지 않다." 이를 "클라우지우스 부등식"이라 한다.

0407. 가역 과정

클라우지우스 부등식에 따르면 한 물리계의 $\Delta Q/T$를 한 순환 동안 더한 값은 0보다 크지 않다. 여기서 ΔQ는 그 물리계 안으로 흘러온 열이다. 지극히 작은 변화량을 고려할 때는 대문자 델타 Δ 대신에 소문자 델타 δ나 미분 d를 쓴다. 다만 해당 물리량이 미분 함수를 갖지 않으면 그 물리량의 지극히 작은 변화량을 표현할 때 미분 d를 쓰지 않고 델타 δ를 쓴다.

에너지 흐름으로서 '일'과 '열'은 물리계의 상태가 아니라 물리계들 사이의 경계 현상이다. 이 때문에 일과 열은 물리계가 거치는 과정과 경로에 따라 그 값이 다를 수 있다.

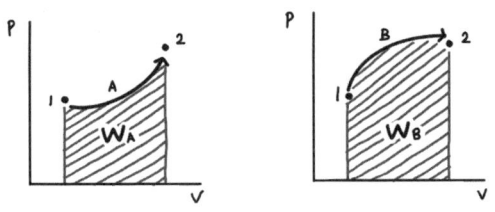

일 W가 경로에 따라 다른 값을 갖는다면 W는 미분할 수 있는 함수로 표현되지 않는다. 이는 열 Q도 마찬가지다. 만일 미분 함수 dQ가 있다면 이를 적분하여 함수 Q를 얻을 수 있다.

이렇게 얻은 함수 Q는 경로에 따라 그 값이 달라지지 않는다. 하지만 열 Q는 경로에 따라 그 값이 달라질 수 있다. 이 때문에 한 시점에 물리계의 상태가 고정되더라도 그 시점에 열 Q는 한 값으로 고정되지 않는다. 이것은 미분 함수 dQ 같은 것이 없음을 뜻한다. 이 때문에 아주 작은 열 흐름을 나타내려면 dQ를 쓰지 않고 δQ를 쓴다.

"한 순환 동안 더한 값"을 나타내는 말꼴은 $\oint$이다. 말꼴 $\oint$에서 말꼴 $\int$은 '아주 작은 값을 더함' 곧 '적분'을 뜻하고 동그라미는 '한 순환 동안'을 뜻한다. $\delta Q/T$를 한 순환 동안 더한 값은 말꼴로 $\oint \delta Q/T$다. 다시 말해 말꼴 $\oint \delta Q/T$는 '한 순환 동안 해당 물리계 안으로 들어온 $\delta Q/T$를 모두 더한 값'이다. 클라우지우스 부등식은 다음과 같이 표현할 수 있다.

$$\oint \frac{\delta Q}{T} \leq 0.$$

물리량 $\oint \delta Q/T$는 특정 물리계 그 자체의 속성이 아니라 특정 물리계가 거치는 특정 순환의 속성이다. 순환의 과정을 잘 잡으면 한 순환 동안 한 물리계의 $\oint \delta Q/T$는 0이다. 예컨대 카르노 순환에서 카르노 기관의 $\oint \delta Q/T$는 0이다. 첫째 행정에서 이 기관의 $\delta Q/T$를 더한 값은 '$Q_{온}/T_{높}$'이고 셋째 행정에서는 '$-Q_{냉}/T_{낮}$'이다. 둘째 행정과 넷째 행정은 단열과정이기에

$\delta Q/T$를 더한 값은 0이다. 따라서 카르노 순환에서 열기관의 $\oint \delta Q/T$는 '$Q_\text{온}/T_\text{높} - Q_\text{방}/T_\text{낮}$'이다. 이 값은 절대온도 정의에 따라 0이다. $\oint \delta Q/T$가 0인 순환은 특별한 순환인가?

한 순환을 거꾸로 되짚는 순환을 "되짚기 순환"이라 하겠다. 열기관의 카르노 순환은 첫째 행정에서 시작해 넷째 행정을 거쳐 처음으로 되돌아간다. 이 순환의 되짚기 순환은 카르노 냉기관의 순환이다. 다시 말해 카르노 열기관의 순환과 카르노 냉기관의 순환은 서로에게 되짚기 순환이다. 카르노 순환의 경우 열기관 순환에서 W의 일이 생산되고 냉기관 순환에서 W의 일이 소비된다. 따라서 카르노 순환과 그 되짚기 순환을 하는 데 필요한 일은 0이다. 이 순환은 새로 일해주지 않고서 거꾸로 되짚을 수 있다. '새로 일해주지 않고서 거꾸로 되짚을 수 있는 순환'을 짧게 "가역 순환"이라 한다. 카르노 순환은 가역 순환인 셈이다. 말했다시피 카르노 순환의 $\oint \delta Q/T$는 0이다. 가역 순환과 '$\oint \delta Q/T = 0$'인 순환 사이에 무슨 관계가 성립할까?

만일 한 순환이 가역 순환이면 반드시 그 순환에 되짚기 순환이 있다. 똑같은 말이지만 한 순환에 되짚기 순환이 없다면 그 순환은 비가역 순환이다. 몇몇 순환은 그 순환을 거꾸로 거슬러 되짚을 수 없는 '비가역 순환'이다. 만일 우리가 추가로 일해줌으로써 한 물리계를 원래 상태로 되돌리려 한다면 그 일 때문에 그 물리계는 처음 상태로 되돌아가지 못한다. 이 때문에 한 순환이 비가역 순환이면 그 순환은 되짚기 순환을 가질 수 없다. 달리 말해 한 순환에 되짚기 순환이 있다면 그 순환은 가역 순환이다. 이제 한 물리계의 한 가역 순환 A를 생각하겠다. A의 되짚기 순환은 B다. 만일 순환 A에서 이 물리계의 $\oint \delta Q/T$가 s면, 적분의 특성상, 순환 B에서 이 물리계의 $\oint \delta Q/T$는 $-s$다. s가 음수면 $-s$는 양수다. 클라우지우스 부등식에 따르면 순환 A에서든 순환 B에서든 $\oint \delta Q/T$는 양수일 수 없다. 이는 s가 음수여서는 안 됨을 뜻한다. 곧 순환 A에서 이 물리계의 $\oint \delta Q/T$는 0이다. 따라서 한 물리계의 한 순환이 가역 순환이면 이 순환에서 이 물리계의 $\oint \delta Q/T$는 0이다. 이는 논리상 다음과 똑같은 말이다. 한 순환에서 한 물리계의 $\oint \delta Q/T$가 0이 아니면 이 순환은 비가역 순환이다. $\oint \delta Q/T$는 결코 양수일 수 없으니 "0이 아니면"은 "음수면"과 뜻이 같다. 따라서 한 순환에서 한 물리계의 $\oint \delta Q/T$가 음수면 이 순환은 비가역 순환이다. 나아가 한 순환에서 한 물리계의 $\oint \delta Q/T$가 0이면 그 순환은 가역 순환일 것 같다.

물리계가 평형 상태에 있을 때 온도, 부피, 압력 값은 잘 정의된다. 카르노 순환에서 기관은 순간순간 온도, 부피, 압력 값이 잘 정의되지만 순환 동안에 기관의 물리량들은 시간에 따라 차츰 바뀐다. 온도, 부피, 압력 따위 물리량이 잘 정의된 채 바뀌는 과정을 "준평형 과정"이라 한다. 여기서 "준"은 '비슷한'이나 '거의 가까운'을 뜻하는데 "준평형"은 '평행에 거의 가까운'을 뜻한다. 카르노 순환은 준평형 과정이며 가역 과정이다. 모든 준평형 과정이 언제나 가역 과정인지는 의문의 여지가 있다. 일단 우리는 "모든 준평형 과정은 가역 과정이다"를 가정한다. 나아가 "한 순환이 가역 순환이면 그 순환의 각 부분은 가역 과정이다"를 가정한다.

한 물리계가 밟는 한 가역 순환을 생각하겠다. 이 순환의 모든 부분은 가역 과정이다. 이 물리계는 처음 지점1에서 지점2로 간 뒤 다시 지점1로 되돌아온다. 여기서 "지점"은 3차원 공간 위치를 뜻하지 않고 특정 온도 값, 압력 값, 부피 값을 뜻한다. 지점1에서 이 물리계의 온도, 압력, 부피는 T_1, P_1, V_1이고 지점2에서 온도, 압력, 부피는 T_2, P_2, V_2다. 보통의 물리계는, 이상기체 법칙처럼, 온도 압력 부피 사이에 특별한 관계식이 있다. 이 때문에 온도 압력 부피 가운데 둘만 고정하면 특정 '지점'이 고정된다.

가역 순환은 두 개의 가역 과정으로 이뤄진다. 물리계가 지점1에서 지점2로 가는 경로를 A라 하고 지점2에서 지점

1로 되돌아오는 경로를 B라 하겠다. 이 물리계가 경로 A를 밟는 과정이든 경로 B를 밟는 과정이든 둘 다 가역 과정이다.

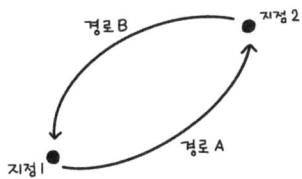

물리계가 지점1에서 경로 A를 밟아 지점2로 갔다가 경로 B를 밟아 지점1로 되돌아오면 한 순환이 마친다. 이 순환은 가역 순환이기에 이 순환 동안 이 물리계의 $\oint \delta Q/T$는 0이다. 경로 A를 따라 $\delta Q/T$를 더한 값을 $\int_A \delta Q/T$로 쓰고 경로 B를 따라 $\delta Q/T$를 더한 값을 $\int_B \delta Q/T$로 쓰면 다음을 주장할 수 있다.

$$\oint \frac{\delta Q}{T} = \int_A \frac{\delta Q}{T} + \int_B \frac{\delta Q}{T} = 0$$

곧 만일 $\int_A \delta Q/T$가 s면 $\int_B \delta Q/T$는 $-s$다.

이제 지점1에서 지점2로 가는 다른 가역 경로 A′와 지점2에서 지점1로 되돌아오는 다른 가역 경로 B′를 생각한다. 경로 A′와 경로 B′를 밟아 순환하는 것도 가역 순환이다. 물리계는 처음에 경로 A를 밟아 지점2로 갔다가 경로 B′를 밟아 되돌아올 수 있다. 이 순환도 가역 순환이기에 이 순환에서 이 물리계의 $\oint \delta Q/T$는 0이다. 만일 $\int_A \delta Q/T$가 s면 경로 B′에서 $\delta Q/T$를 더한 값 곧 $\int_{B'} \delta Q/T$는 $-s$다. 경로 A′와 경로 B′를 밟아 순환해도 이 순환에서 이 물리계의 $\oint \delta Q/T$는 0이다. 만일 $\int_{B'} \delta Q/T$가 $-s$면 경로 A′에서 $\delta Q/T$를 더한 값 곧 $\int_{A'} \delta Q/T$는 s다.

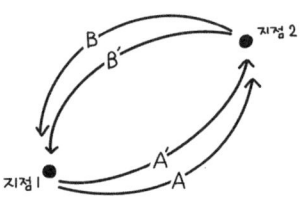

결국 만일 $\int_A \delta Q/T$가 s면 $\int_{A'} \delta Q/T$도 s다. 따라서 지점1에서 지점2로 가는 두 가역 경로 A와 A′에 대해

$$\int_A \frac{\delta Q}{T} = \int_{A'} \frac{\delta Q}{T}$$

가 성립한다. 우리는 이를 일반화할 수 있다. 가역 과정의 경우 한 지점에서 다른 지점까지 $\delta Q/T$를 더한 값은 특정 경로와 무관하며 그 값은 다만 시작 지점과 끝 지점에만 의존한다.

0408. 열 엔트로피

시작점과 끝점이 같은 아무 두 가역 경로 A와 A'에 대해 다음이 성립한다.

$$\int_A \frac{\delta Q}{T} = \int_{A'} \frac{\delta Q}{T}$$

가역 과정의 경우 $\int \delta Q/T$는 시작점과 끝점에 따라 그 값이 결정된다. 이제 하나의 기준점을 잡고 그것을 시작점으로 고정한다. 아무 끝점을 잡으면 그 기준점에서 그 끝점까지 가는 가역 경로를 찾을 수 있다. 그다음 끝점을 바꾸며 여러 가역 경로에서 $\int \delta Q/T$를 셈한다. 기준점 o에서 가역 경로를 따라 적분한 $\int_o \delta Q/T$를 S라 쓰면 S는 기준점에서 끝점까지 가는 특정 경로와 무관하다. 시작점이 고정되었다면 S는 오직 끝점에 따라서만 그 값이 결정된다. '끝점'은 온도, 압력, 부피 같은 거시 상태다. 물리계의 상태에 따라 그 값이 결정되는 양을 "상태함수"라 한다. 결국 함수 S는 물리계의 상태 함수다. 한 물리계의 상태 함수는 그 물리계의 또 다른 상태인데 클라우지우스는 이 새로운 상태 S를 "엔트로피"라 했다.

물리계의 경계를 오가는 열 흐름 Q는 경로에 따라 달라질 수 있다. 하지만 엔트로피 S는 물리계가 그때그때 갖는 특성이다. 한 물리계는 특정 지점에서 특정 S 값을 갖는다. 물리계의 엔트로피는 그 물리계가 놓인 지점에 따라서만 정해지며 그 물리계가 여태 거쳐온 경로에 따라 달라지지 않는다. 한 물리계는 지점1에서 엔트로피 S_1을 갖고 지점2에서 엔트로피 S_2를 갖는다. 정의상 S_1은 기준점 o에서 지점1로 가는 가역 경로에서 $\int \delta Q/T$를 셈한 값이다. 정의상 S_2는 기준점 o에서 지점2로 가는 가역 경로에서 $\int \delta Q/T$를 셈한 값이다. 이제 지점1에서 지점2로 가는 가역 경로 A를 생각하겠다. 이 경로에서 $\delta Q/T$를 더한 값 곧 $\int_A \delta Q/T$를 셈하고 싶다. 시작점과 끝점이 같은 다른 가역 경로를 따라 이를 셈해도 그 결과는 같다. 다른 가역 경로는 처음에 지점1에서 기준점 o로 가는 가역 경로 B를 밟고 그다음 기준점 o에서 지점2로 가는 가역 경로 C를 밟는 경로다.

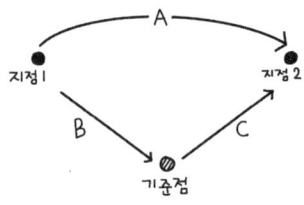

가역 경로 B는 기준점 o에서 지점1로 가는 가역 경로와 거꾸로 가는 경로이기에 $\int_B \delta Q/T$는 $-S_1$이다. 가역 경로 C는 기준

점 o에서 지점2로 가는 가역 경로이기에 $\int_C \delta Q/T$는 정의상 S_2 다. 따라서

$$\int_A \frac{\delta Q}{T} = \int_B \frac{\delta Q}{T} + \int_C \frac{\delta Q}{T} = S_2 - S_1$$

만일 지점1에서 지점2로 가는 다른 가역 경로가 있다면 그 경로를 따라 적분한 값도 '$S_2 - S_1$'이다. 이처럼 아무 가역 경로 A에서 $\int_A \delta Q/T$는 '끝점의 엔트로피 빼기 시작점의 엔트로피'와 같다.

비가역 경로에서 $\delta Q/T$를 더한 값은 무엇과 같은지 살펴보려 한다. 한 물리계가 비가역 경로 D를 따라 지점1에서 지점2로 바뀐다. 다만 지점2에서 지점1로 되돌아오는 경로 B는 가역 과정이다.

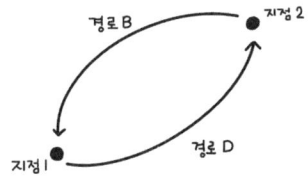

경로 D와 경로 B를 거치면 이 물리계는 한 순환을 마친다. 클라우지우스 부등식에 따르면, 그 경로가 가역 과정이든 비가

역 과정이든, 한 순환 동안 $\delta Q/T$를 더한 값 곧 $\oint \delta Q/T$는 0보다 크지 않다. 따라서 경로 D를 따라 $\delta Q/T$를 더한 값과 경로 B를 따라 $\delta Q/T$를 더한 값을 더하면 0보다 크지 않다.

$$(1) \int_D \frac{\delta Q}{T} + \int_B \frac{\delta Q}{T} \leq 0$$

다만 경로 D까지도 가역 경로면 등호가 성립한다.

경로 B는 가역 경로이기에 $\int_B \delta Q/T$는 끝점의 엔트로피에서 시작점의 엔트로피를 뺀 값과 같다. 경로 B에서 시작점은 지점2고 끝점은 지점1이니 $\int_B \delta Q/T$는 '$S_1 - S_2$'다. 식 (1)과 이를 써서 "$\int_D \delta Q/T + S_1 - S_2 \leq 0$"을 얻는다. 경로 D가 가역 경로면 등호가 성립한다. 따라서

$$(2) \; S_2 - S_1 \geq \int_D \frac{\delta Q}{T}$$

한 경로가 비가역 경로면 그 경로를 따라 $\delta Q/T$를 더한 값은 끝점과 시작점 사이 엔트로피 사이 차이보다 작다. 달리 말해 비가역 경로를 밟을 때 실제 엔트로피 차이는 그 경로를 따라 $\delta Q/T$를 더한 값보다 크다. 나아가 한 경로를 따라 $\delta Q/T$를 더한 값이 끝점과 시작점 사이 엔트로피 사이 차이보다 작다면 그 경로는 비가역 경로다. 한편 비가역 과정의 경우 "한 경로에서 엔트로피 차이는 그 경로를 따라 $\delta Q/T$를 더한 값이다"

가 성립하지 않는다.

'고립계' 또는 '외떨어진계'는 그 어떤 열도 그 안으로 들어오지 않는 물리계다. 고립계의 경우 그 경로가 무엇이든 그 경로를 따라 $\delta Q/T$를 더한 값은 0이다. 식 (2)로부터 고립계의 경우 다음이 성립한다.

(3) $\Delta S \geq 0$

엔트로피 변화량 ΔS는 나중 엔트로피 S_2에서 처음 엔트로피 S_1을 뺀 값이다. 등호는 가역 과정에서 성립한다. 고립계가 가역 과정을 밟는다면 ΔS는 0인데 가역 과정을 밟는 고립계는 엔트로피가 바뀌지 않는다. 만일 고립계의 엔트로피가 늘어난다면 그것은 그 고립계가 비가역 과정을 밟았기 때문이다. 여하튼 고립계의 경우 그것이 무슨 경로를 밟든 엔트로피는 줄어들지 않는다.

클라우지우스는 가역 과정에서 엔트로피를 정의한 뒤 가역이든 비가역이든 고립계에서 엔트로피가 줄어들 수 없음을 증명했다. 만일 고립계에서 엔트로피가 바뀌었다면 그것은 늘 증가이며 그 변화는 되돌릴 수 없는 비가역 변화다. 일단 엔트로피가 최댓값에 이르면 저절로 줄어들 수 없기에 그 물리계는 저절로 다른 상태로 바뀌지 않는다. 저절로 다른 상태로 바뀔 수 없는 바로 그 상태가 곧 평형 상태다. 물리계는 저절로 평형에 이르며 평형 상태에서 물리계의 엔트로피는 최댓값을 갖는다.

클라우지우스는 1854년 논문 「열역학 제2법칙의 다른 형태」에서 '엔트로피' 개념에 해당하는 물리량을 처음 이야기한다. 그는 여기서 "엔트로피" 대신에 "변형 내용" 또는 "변형량"을 쓴다. 그는 카르노 순환에서 Q/T 또는 $\int \delta Q/T$를 '일하는 물질의 변형량'으로 정의한다. 이 물리량을 써서 열역학 제2법칙을 새롭게 표현하려 했다. 1862년 편지 「변형의 동등 정리를 내부 일에 적용함」에서는 $\delta Q/T$를 "분산"으로 표현한다. 여기서 '분산'은 물리계를 이루는 알갱이들이 서로 분리되는 정도다. 카르노 순환에서 물질의 압축 변형에서 분산은 줄어들고 팽창 변형에서 분산은 다시 커지는데 전체 분산의 합산은 0이다. 클라우지우스에 따르면 비가역 과정으로 열이 물리계 안으로 들어오면 물질의 분산은 커지는 경향이 있다.

분산 개념은 1870년대 볼츠만에게 알갱이 운동의 다양성으로 달리 표현된다. 1949년에 영국 화학자 에드워드 구겐하임[1901-1970]이 쓴 "에너지 분산"은 차츰 물리학자에게도 퍼졌다. 오늘날 많은 책과 학자들은 엔트로피 증가를 "에너지 분산"이나 "에너지 퍼짐"으로 표현한다. 이미 켈빈은 1852년 논문 「역학 에너지가 확산되려는 자연의 보편 경향」에서 '에너지 확산'을 언급했는데 이는 '엔트로피 증가'에 해당한다. 물리계의 전체 에너지가 각 알갱이에 고루 퍼질수록 그 물리계의 엔트로피는 커진다.

클라우지우스의 '분산' 개념이 낱말 '엔트로피'로 표현된 것은 1865년 논문이다. 그는 낱말 "에너지"와 비슷하게 소리 나도록 낱말 "엔트로피"를 그리스 낱말에 바탕을 두고 애써 만들었다. "엔트로피"에서 "트로피"는 그리스 낱말 "트로페"에서 따왔다. 이는 '돌림' '돌아섬' '바뀜' '바꿈' '뒤집어짐'을 뜻한다. 한편 "에너지"는 '일'을 뜻하는 그리스 낱말 "에르곤"에서 비롯되었다. 그리스 낱말 "에네르게이아"는 '일함' '활동성' '능동성' '현실성'을 뜻한다. 낱말 "에너지"를 측정할 수 있는 물리량의 이름으로 처음 도입한 이는 물리학자 토머스 영이다. 그는 1802년 라이프니츠의 '살아있는 힘'^{비스비바} 곧 오늘날 '운동에너지'를 표현하려고 이 낱말을 썼다. 클라우지우스에게 낱말 "에너지"는 '열과 일의 내용'을 표현하고 낱말 "엔트로피"는 '변형의 내용'을 표현한다.

클라우지우스는 1865년 논문에서 마침내 두 열역학 법칙들을 "우주의 에너지는 일정하다"와 "우주의 엔트로피는 최대화되려 한다"로 표현한다. '최대화'는 하나의 방향성을 나타내는데 이 때문에 엔트로피를 시간 흐름과 관계짓는 이론이 곧바로 나타났다. 물론 이 방향성은 열이 온도가 높은 곳에서 낮은 곳으로 흐른다는 바로 그 방향성에서 비롯되었다. 클라우지우스는 '온도'와 '열'로 엔트로피를 정의했기에 그의 엔트로피를 "열 엔트로피" 또는 "온도 엔트로피"라 부를 수 있겠다. 나중에 볼츠만은 통계 기법을 뭇알갱이계에 적용함으로써 엔트로피를 새로 정의한다. 그가 정의한 엔트로피는 이른바 "통계 엔트로피"다. 통계 엔트로피에서 방향성은 확률이 더 낮은 물리 상태에서 확률이 더 높은 물리 상태로 물리 변화가 진행된다는 방향성이다.

0409. 카르노 기관의 엔트로피

두 열조^{열저장조}가 열 접촉하는 복합 물리계를 생각하겠다. 이 물리계 안팎으로 알갱이도 열도 흐르지 않는다. 이 물리계는 바깥에 일하지 않고 바깥에서 일해주지도 않는다. 한 열조는 온도 $T_{높}$의 온열조고 다른 열조는 온도 $T_{낮}$의 냉열조다. 두 열조가 열 접촉하면 온열조에서 열 Q가 빠져나와 그만큼 냉열조로 흘러간다. 열조의 상태를 특징짓는 것은 온도밖에 없으며 그 온도는 바뀌지 않는다. 열 Q가 빠져나가는 동안 온열조의 $\delta Q/T$를 더한 값 곧 $\int \delta Q/T$는 '$-Q/T_{높}$'이다. 열 Q가 들어오는 동안 냉열조의 $\int \delta Q/T$는 '$Q/T_{낮}$'이다.

이미 증명했듯이 아무 경로에 대해 다음 클라우지우스 부등식이 성립한다.

$$\Delta S \geq \int \frac{\delta Q}{T}$$

해당 경로가 가역 경로면 등호가 성립한다. 곧 한 물리계의 엔트로피 변화는 $\int \delta Q/T$보다 크거나 같다. 한편 온열조에서 냉열조로 열 Q가 흐르는 동안 이 복합 물리계의 $\int \delta Q/T$는 '$-Q/T_{높} + Q/T_{낮}$'이다. 이는 '$Q(T_{높}-T_{낮})/T_{높}T_{낮}$'이다. Q, '$T_{높}-T_{낮}$', '$T_{높}T_{낮}$'은 모두 양수이기에 '$Q(T_{높}-T_{낮})/T_{높}T_{낮}$'은 0보다 크다. 따라서 이 물리계의 엔트로피 변화는 0보다 크다.

이 복합 물리계는 물리계 안팎으로 열이 흐르지 않는 고립계다. 고립계의 엔트로피가 증가했기에 이 고립계는 가역 과정을 밟지 않았으며 비가역 과정을 밟았다. 결국 온도가 다른 두 열조 사이에 열이 오갈 때 엔트로피는 증가하며 이 과정은 비가역 과정이다.

차가운 곳에서 뜨거운 곳으로 열이 흐르면 무슨 일이 생기는가? 복합 물리계가 냉열조에서 열 Q가 빠져나와 온열조로 들어가는 과정을 밟는다고 가정하겠다. 이 과정에서 냉열조의 $\int \delta Q/T$는 '$-Q/T_낮$'이고 온열조의 $\int \delta Q/T$는 '$Q/T_높$'이다. 따라서 이 과정에서 복합 물리계의 $\int \delta Q/T$는 '$-Q/T_낮 + Q/T_높$'이다. 이는 '$Q(T_낮 - T_높)/T_높 T_낮$'과 같다. Q와 '$T_높 T_낮$'는 양수지만 '$T_낮 - T_높$'은 음수이기에 '$Q(T_높 - T_낮)/T_높 T_낮$'은 0보다 작다. 결국 차가운 곳에서 뜨거운 곳으로 열이 흐르면 이 물리계의 엔트로피는 줄어든다. 이 물리계는 고립계인데 클라우지우스 부등식에 따르면 고립계의 엔트로피는 줄어들 수 없다. 이처럼 차가운 곳에서 뜨거운 곳으로 열이 흐르면 클라우지우스 부등식 나아가 열역학 제2법칙을 어기는 결과가 빚어진다.

카르노 순환 동안 온열조의 온도 $T_높$은 바뀌지 않고 $Q_온$의 열이 빠져나간다. 카르노 순환 동안 온열조의 $\oint \delta Q/T$는 '$-Q_온/T_높$'이다. 카르노 순환 동안 냉열조의 온도 $T_낮$은 바뀌지 않고 $Q_냉$의 열이 빠져나간다. 카르노 순환 동안 냉열조의 $\oint \delta Q/T$는 '$Q_냉/T_낮$'이다. 따라서 온열조의 $\oint \delta Q/T$와 냉열조의 $\oint \delta Q/T$를 더한 값은 '$-Q_온/T_높 + Q_냉/T_낮$'이다. 이는 절대온도의 정의에 따라 0이다. 이미 밝혔듯이 카르노 순환 동안 카르노 열기관의 $\oint \delta Q/T$는 0이었다. 결국 카르노 열기관, 온열조, 냉열조로 이뤄진 복합 물리계의 $\oint \delta Q/T$는 0이다. 따라서 이 복합 물리계는 카르노 순환 동안 가역 과정을 밟는다. 이 복합 물리계는 한 순환 동안 '$Q_온 - Q_냉$'만큼 일하는데 이 일로 카르노 열기관을 거꾸로 가동할 수 있다. 이는 카르노 냉기관을 가동하는 셈인데 이 경우 냉열조에서 열 $Q_냉$을 뽑아 다시 열 $Q_온$을 온열조로 돌려보낸다. 이렇게 함으로써 온열조를 오간 열을 0으로 되돌리고 냉열조를 오간 열도 0으로 되돌린다. 바로 이 점에서 두 열조와 카르노 기관으로 이뤄진 복합 물리계에서 카르노 순환은 되돌릴 수 있고 되짚을 수 있다.

　　두 열조만으로 이뤄진 물리계의 엔트로피는 줄곧 늘어나며 비가역 과정을 밟는다. 반면 두 열조 사이에 카르노 열기관을 넣어 복합 물리계를 만들면 이 물리계는 가역 과정을 밟는다. 카르노 열기관은 가역 과정을 만드는 장치인 셈이다. 두 열조와 카르노 열기관으로 이뤄진 복합 물리계는 카르노 순환의 어느 순간에도 엔트로피가 늘어나지 않는다. 만일 어느 순간에 엔트로피가 늘어난다면, 고립계의 엔트로피는 줄어들지 않기에, 고립계로서 그 복합 물리계의 엔트로피 변화가 전체 순환 동안 0일 수 없다. 따라서 카르노 순환을 이루는 모든 순간에 이 물리계의 엔트로피는 바뀌지 않는다. 열원과 열침을 포함한 전체 카르노 열기관은 이른바 '등엔트로피 과정'을 밟는다. 하지만 카르노 열기관 자체는 단열 고립계가 아니기에 카르노 순환 동안 엔트로피가 늘어났다 줄어들 수 있다.

0410. 평형의 조건

한 물리계가 처한 상태를 나타내는 방법은 여러 가지다. 물리계의 상태를 나타내는 물리량을 "상태 변수"라 한다. 이들 상태 변수 가운데 우리는 '부피', '압력', '온도'를 다루었다. 이상 기체 방정식 "$PV = kNT$"처럼 부피, 압력, 온도 사이에는 관계식이 성립한다. 이 때문에 상태 변수들은 서로 독립이지 않다. 이들 가운데 두 개만으로 물리계의 상태를 추적할 수 있다. 다시 말해 '온도와 압력' 짝, '온도와 부피' 짝, '부피와 압력' 짝 따위로 그 상태를 나타낼 수 있다. 한편 상태 변수들의 함수로 새로운 상태 변수를 만들 수 있다. 상태 변수의 함수로 새로 만든 상태 변수를 "상태 함수"라 한다. '내부에너지'는 '상태 함수' 가운데 하나다. 이것은 보통 온도의 함수다. 이 때문에 '온도' 자리에 '내부에너지'를 넣어 물리계의 상태를 추적할 수 있다.

클라우지우스는 "엔트로피"라 이름 지은 새로운 상태 함수를 찾았다. 다시 말해 엔트로피는 물리계가 처한 상태에 따라 그 값이 정해지는 '상태 함수'며 그 자체로 상태를 추적하는 '상태 변수'다. 지금까지 말한 상태 변수들은 모두 평형 상태에서만 잘 정의된다. 한 물리계의 엔트로피 역시 그 물리계가 열평형에 이르렀을 때만 잘 정의된다. 물론 한 물리계를 더 작은 여러 물리계로 쪼갠 뒤 이들 조각 물리계의 상태를 추적함으로써 그 물리계의 '국소 상태'나 '한곳 상태'를 이야기하기도 한다.

이상기체의 특정 온도와 특정 부피는 그 기체의 상태를 말해준다. 바로 이 특정 상태에서 그 기체는 특정 엔트로피 값을 갖는다. 왜냐하면 엔트로피는 상태에 따라 그 값이 정해지는 '상태 함수'기 때문이다. 이상기체의 경우 엔트로피는 온도와 부피의 함수 또는 온도와 압력의 함수 또는 부피와 압력의 함수로 표현할 수 있다. 이상기체의 엔트로피 함수가 주어지면 여러 가지 상황에서 이상기체의 엔트로피를 셈할 수 있다. 보기를 들어 가운데 칸막이를 사이에 두고 이상기체 A와 이상기체 B가 나뉘어 있을 때 전체 물리계의 엔트로피를 셈할 수 있다. 그다음 이상기체 A와 이상기체 B가 섞였을 때 전체 물리계의 엔트로피도 셈할 수 있다. 처음에 기체 A와 기체 B의 알갱이 수, 부피, 온도가 똑같았다면 섞인 뒤 엔트로피 변화는 '$kN \cdot \ln 2$'다. 여기서 N은 전체 물리계를 이루는 알갱이 수고 '$\ln 2$'에서 $\ln$은 밑이 자연상수 e인 로그다. e는 2.72보다 약간 작은 수다.

'$kN \cdot \ln 2$'는 양수인데 이상기체 A와 B가 섞일 때 이 고립계의 엔트로피 변화는 양수다. 물론 기체들이 섞이는 과정에서 기체들이 일하게 하고 다시 그만큼 기체들에게 일해줌으로써 두 기체를 분리해 처음으로 되돌릴 수 있다. 이 과정에서 전체 물리계는 섞이는 동안 엔트로피가 '$kN \cdot \ln 2$'만큼 늘어났다가 다시 따로 걸러지는 동안 이만큼 줄어든다. 전체 물리계가 일을 주고받으려면 바깥 환경과 열 접촉해야 한다. 만일 전체 물리계가 고립계면 두 기체가 일단 섞인 뒤에는 저절로 되돌아가지 않는다. 기체 A와 기체 B가 자연스레 섞이는 과정은 비가역 과정이다. 두 기체가 섞이는 동안 기체 A의 엔트로피는 '$kN \cdot \ln 2$'의 절반만큼 늘어나고 기체 B의 엔트로피도 '$kN \cdot \ln 2$'의 절반만큼 늘어난다. 알갱이 N개로 이뤄진 기체 A가 그냥 처음 부피의 2배로 늘어난다면 이때의 엔트로피 변화도 '$kN \cdot \ln 2$'다. 이 야릇한 수식 '$kN \cdot \ln 2$' 곧 '$k \ln 2^N$'은 나중에 엔트로피의 볼츠만 표현을 낳는 힌트가 된다.

클라우지우스의 정의에 따르면 가역 과정에서 엔트로피 변화는 $\int \delta Q/T$와 같다. 엔트로피의 아주 작은 변화량 dS는 가역 과정에서 아주 작은 변화량 $\delta Q/T$와 같다. 곧

(1) $dS = \dfrac{\delta Q}{T}$

열역학 제1법칙에 따르면 내부에너지 변화는 들어온 열에서 해준 일을 뺀 것과 같다. 곧 $\Delta U = Q - W$. 해준 일이 압력과 부

피 변화에 따른 일이면 W는 $P\Delta V$다. 이 경우 아주 작은 내부에너지 변화 dU는 '$\delta Q - PdV$'와 같다. 곧

(2) $dU = \delta Q - PdV$

이제 물리계를 가역 변화시킬 텐데 부피를 고정하겠다. 이 경우 PdV가 0이기에 식 (2)로부터 '$dU = \delta Q$'를 얻는다. 이를 (1)에 넣으면

(3) $dS = \dfrac{dU}{T}$

다. 이는 부피가 일정한 가역 변화에서 성립한다.

식 (3)에서 오른쪽과 왼쪽에 dU를 나누면 '$dS/dU = 1/T$'를 얻는다. 이는 '$dU/dS = T$'와 같다. 따라서 부피가 일정한 가역 변화는 다음이 성립한다.

(4) $T = \dfrac{dU}{dS}$

곧 T는 V를 고정한 상태에서 S에 따른 U의 변화율이다. 또는 $1/T$은 V를 고정한 상태에서 U에 따른 S의 변화율이다. "V를 고정한 상태에서 S에 따른 U의 변화율"은 수학 말꼴로 $(\partial U/\partial S)_V$라고 쓴다. 이 말꼴을 써서 식 (4)를 더 정확히 표현하면

$$(5)\ T = \left(\frac{\partial U}{\partial S}\right)_V$$

이다. 또는 $1/T = (\partial S/\partial U)_V$이다. 이제 온도는 "부피를 고정한 상태에서 엔트로피에 따른 내부 에너지의 변화율"로 정의할 수 있다. 한편 식 (2)에 따르면 내부에너지를 고정하면 "$\delta Q = PdV$"가 성립한다. 이를 식 (1)에 넣어 "$dS = PdV/T$"를 얻는다. 이는 "$dS/dV = P/T$"와 같은데 이는 내부에너지 U를 고정했을 때 성립한다. 이로부터

$$(6)\ \left(\frac{\partial S}{\partial V}\right)_U = \frac{P}{T}$$

를 얻는다. 곧 내부에너지 U를 고정한 상태에서 V에 따른 S의 변화율은 P/T와 같다.

안팎으로 열이 흐르지 않는 한 고립계를 생각하겠다. 이 물리계는 부분계1과 부분계2로 이뤄졌는데 두 부분계는 서로 열 접촉한다. 이 부분계들의 부피는 각각 V_1과 V_2이고, 이들의 내부에너지는 각각 U_1과 U_2고, 이들의 엔트로피는 각각 S_1과 S_2다.

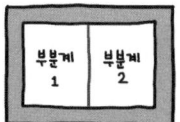 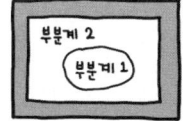

부피, 내부에너지, 엔트로피는 모두 크기 물리량이다. 이 물리계의 전체 부피 V는 부분들의 부피를 더한 것과 같고, 전체 내부에너지 U는 부분들의 내부에너지를 더한 것과 같고, 전체 엔트로피 S는 부분들의 엔트로피를 더한 것과 같다. 곧 "$V = V_1 + V_2$", "$U = U_1 + U_2$", "$S = S_1 + S_2$"가 성립한다. 이제 여러 상태 변수들 가운데 '내부에너지와 부피' 짝을 물리계의 상태를 결정하는 변수로 잡겠다. 이 경우 엔트로피는 내부에너지와 부피의 함수다. 부분계1의 엔트로피 S_1은 부분계1의 상태 (U_1, V_1)에 따라 결정되고 부분계2의 엔트로피 S_2는 부분계2의 (U_2, V_2)에 따라 결정된다. 이를 함수로 표현하면 $S_1 = S_1(V_1, U_1)$ 및 $S_2 = S_2(V_2, U_2)$다. 나아가 전체 물리계의 엔트로피 S는 (U_1, V_1, U_2, V_2)에 따라 결정된다. 하지만 물리계의 전체 부피 V와 전체 내부에너지 U가 고정되었다면 부분계1의 상태 (U_1, V_1)에 따라 부분계2의 상태 (U_2, V_2)가 결정된다. 이 경우 전체 엔트로피 S는 (U_1, V_1)에 따라 결정된다.

    부분계1과 부분계2가 상호작용하는 동안 부분의 상태는 변화를 겪는다. 언젠가 전체 물리계는 평형에 이를 텐데 이것이 평형에 이를 때까지 엔트로피는 줄지 않는다. 왜냐하면 이 물리계는 고립계고 고립계에서 "$\Delta S \geq 0$"이 성립하기 때문이다. 만일 평형에 아직 이르지 않았고 상태가 줄곧 바뀐다면 이 물리계의 엔트로피는 언젠가 더 큰 값으로 바뀐다. 만일 이 물리계의 엔트로피가 최댓값에 이른다면 그 엔트로피는 더 늘지도 더 줄지도 못하는 지점 곧 평형 상태에 이미 이른 셈이다. 우리는 엔트로피가 최대에 이르렀을 때 조건을 찾고 싶다. 이 조건을 찾는 일은 수학 계산의 일인데 세세한 과정은 생략한다. 수학에서 최댓값이나 최솟값을 "극점"이라 한다. 극점 근처에서 함숫값은 커지다가 줄어들거나 줄어들다가 커진다. 함숫값이 커지는 구간에서 함수의 변화율은 양수고 함숫값이 줄어드는 구간에서 함수의 변화율은 음수다. 결국 함수의 변화율은 극점 근처에서 양수 값에서 음수 값으로 바뀌거나 음수 값에서 양수 값으로 바뀐다. 이 때문에 어느 함수든 그 극점에서는 그 함수의 변화율이 0이다. 마찬가지로 엔트로피 함수 S의 극점에서 S의 변화율은 0이다.

이미 말했듯이 물리계의 전체 부피 V와 전체 내부에너지 U가 고정되었다면 전체 엔트로피 S는 부분계1의 상태 (U_1, V_1)에 따라 결정된다. 곧 $S = S(U_1, V_1)$. S의 극점에서 S의 변화율은 0이기에 전체 엔트로피 S가 최댓값인 지점에서 S의 변화율은 0이다. S의 변화율은 크게 두 부분으로 나눌 수 있다. U_1은 그대로 놓아두고 V_1만 바꾸었을 때 S는 얼마큼 바뀌는가? V_1은 그대로 놓아두고 U_1만 바꾸었을 때 S는 얼마큼 바뀌는가? S의 변화율은 이 두 부분의 변화율에서 모두 0이어야 한다. 결국 전체 엔트로피 S가 최댓값인 지점에서 다음이 성립한다. 첫째, V_1을 고정한 상태에서 U_1에 따른 S의 변화율은 0이다. 둘째, U_1을 고정한 상태에서 V_1에 따른 S의 변화율은 0이다.

"V_1을 고정한 상태에서 U_1에 따른 S의 변화율은 0이다"가 무슨 결과를 낳는지 보려 한다. 'V_1을 고정한 상태에서 U_1에 따른 S의 변화율'은 수학 말꼴로 $(\partial S/\partial U_1)_{V_1}$이다. '$S = S_1 + S_2$'로부터

$$\left(\frac{\partial S}{\partial U_1}\right)_{V_1} = \left(\frac{\partial S_1}{\partial U_1}\right)_{V_1} + \left(\frac{\partial S_2}{\partial U_1}\right)_{V_1}$$

를 얻는다. $(\partial S/\partial U_1)_{V_1}$가 0이어야 하기에

(7) $\left(\dfrac{\partial S_1}{\partial U_1}\right)_{V_1} + \left(\dfrac{\partial S_2}{\partial U_1}\right)_{V_1} = 0$

이다. 전체 부피가 고정되었다면 V_1의 고정은 곧 V_2의 고정이다. 이 때문에 "V_1을 고정한 상태에서"는 "V_2를 고정한 상태에서"와 뜻이 같다. 전체 내부에너지 $U = U_1 + U_2$가 고정되었다면 U_1의 변화는 $-U_2$의 변화와 같다. 따라서 'V_1을 고정한 상태에서 U_1에 따른 S_2의 변화율'은 'V_2를 고정한 상태에서 U_2에 따른 S_2의 변화율'에 음수 부호를 붙인 것과 같다. 이를 수식으

로 표현하면

$$\left(\frac{\partial S_2}{\partial U_1}\right)_{V_1} = -\left(\frac{\partial S_2}{\partial U_2}\right)_{V_2}$$

이다. 이를 식 (7)에 넣어

$$(8) \left(\frac{\partial S_1}{\partial U_1}\right)_{V_1} = \left(\frac{\partial S_2}{\partial U_2}\right)_{V_2}$$

를 얻는다. 식 (5)에 따르면 식 (8)의 왼쪽은 $1/T_1$이고 오른쪽은 $1/T_2$이다. 여기서 T_1은 부분계1의 온도고 T_2는 부분계2의 온도다. 식 (8)은 "$1/T_1 = 1/T_2$" 곧 "$T_1 = T_2$"를 뜻한다. 결국 "V_1을 고정한 상태에서 U_1에 따른 S의 변화율은 0이다"로부터

$$(9) \; T_1 = T_2$$

가 따라 나온다. 이 조건은 엔트로피가 최댓값에 이르렀을 때의 조건이다.

마찬가지로 "U_1을 고정한 상태에서 V_1에 따른 S의 변화율은 0이다"가 무슨 결과를 낳는지 살펴볼 수 있다. 이는 U_1을 고정한 상태에서는 "V_1에 따른 S_1의 변화율 + V_1에 따른 S_2의 변화율 = 0이다"를 뜻한다. 전체 내부에너지와 전체 부피가 고정되었기에 U_1을 고정한 상태에서 V_1에 따른 S_2의 변화율은 'U_2를 고정한 상태에서 V_2에 따른 S_2의 변화율'에 음수를

취한 것과 같다. 따라서 'U_1을 고정한 상태에서 V_1에 따른 S_2의 변화율'은 'U_2를 고정한 상태에서 V_2에 따른 S_2의 변화율'과 같다. 이를 수학 말꼴로 바꾸면

$$(10) \left(\frac{\partial S_1}{\partial V_1}\right)_{U_1} = \left(\frac{\partial S_2}{\partial V_2}\right)_{U_2}$$

이다. 한편 식 (6)에 따르면 식 (10)의 왼쪽은 P_1/T_1이고 오른쪽은 P_2/T_2다. 여기서 P_1은 부분계1의 압력이고 P_2는 부분계2의 압력이다. 식 (10)은 "$P_1/T_1 = P_2/T_2$"를 뜻한다. 결국 "U_1을 고정한 상태에서 V_1에 따른 S의 변화율은 0이다"로부터

$$(11) \ \frac{P_1}{T_1} = \frac{P_2}{T_2}$$

를 얻는다. 이 조건은 엔트로피가 최댓값에 이르렀을 때의 조건이다. 엔트로피가 최댓값에 이르렀을 때 식 (9)와 식 (11)이 성립하기에 이때는

$$(12) \ P_1 = P_2$$

도 성립한다. 따라서 한 물리계의 엔트로피가 최대에 이른다면 이 물리계를 이루는 두 부분계의 온도와 압력은 같다. 이는 평형 상태의 조건이기도 하다. 우리는 부분계의 크기에 아무런 제한을 두지 않았다. 부분계2에 견주어 부분계1을 아주 작

게 해도 이것이 성립한다.

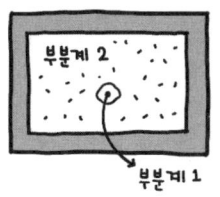

이것은 평형 상태에서 한 고립계 안에서 모든 곳 모든 때에 온도와 압력이 같아야 함을 뜻한다. 다만 이 고립계는 식 (2)가 성립하는 고립계다.

평형에는 안정한 평형이 있고 불안정한 평형이 있다. 한 상태가 안정한 평형이면 물리계는 다른 상태로 쉽게 바뀌지 않는다. 반면 한 상태가 불안정한 평형이면 물리계는 쉽게 다른 상태로 바뀐다. 엔트로피가 최대가 되는 지점에서 물리계는 쉽게 다른 상태로 바뀌지 않는다. 반면 엔트로피가 최소가 되는 지점에서 물리계는 쉽게 다른 상태로 바뀐다. 따라서 엔트로피가 최대가 되는 지점은 안정한 평형이지만 엔트로피가 최소가 되는 지점은 불안정한 평형이다. 한편 부분계들의 온도와 압력이 같다는 조건은 엔트로피가 최댓값에 이르렀을 때의 조건이지만 엔트로피가 최솟값에 이르렀을 때의 조건이기도 하다. 우리는 엔트로피가 최댓값에 이르렀을 때의 추가 조건을 찾아야 한다.

엔트로피가 한 상태에서 최대가 되려면 그 상태에서 약간 벗어났을 때 엔트로피가 줄어야 한다. 이야기를 쉽게 하려고 부피 V_1과 V_2를 고정한 상태에서 U_1과 U_2를 조금씩 바꾸겠다. 엔트로피 S가 최댓값이면, U_1이든 U_2든 이를 조금 줄이거나 늘렸을 때, '$S_1 + S_2$'는 줄어든다. 이를 만족하려면 U에 따른 S의 그래프가 볼록해야 한다.

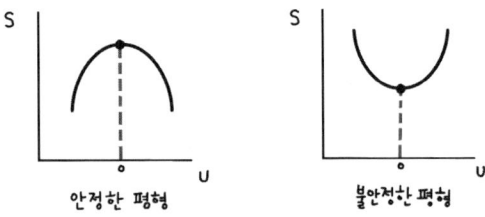

안정한 평형 / 불안정한 평형

U에 따른 함수 S가 한 지점을 중심으로 볼록한 그래프가 되려면 U에 따라 S는 늘어나다 바로 그 지점에서 줄어야 한다. S가 늘어나다 줄어들 때 S의 변화율은 양수에서 음수로 바뀐다. 이것은 S의 변화율 자체가 줄어듦을 뜻하고 S의 변화율의 변화율이 음수임을 뜻한다. "변화율의 변화율"을 "이차 변화율"이라 한다. 따라서 엔트로피가 한 지점에서 최댓값이 되려면

바로 그 지점에서 S의 이차 변화율이 음수여야 한다. 이는 수학에서 매우 잘 알려진 이야기다. 따로 설명하지 않고 셈하지도 않겠지만 V를 고정한 상태에서 U에 따른 S의 이차 변화율은 $-1/(T^2 C_V)$과 같다. $-1/T^2$은 음수이기에 $-1/(T^2 C_V)$이 음수가 되려면 $1/C_V$ 또는 C_V는 양수가 되어야 한다. 여기서 C_V는 '등적열용량'인데 부피를 고정한 상태에서 온도에 따른 내부에너지 변화율이다.

등적열용량 C_V가 음수면 무슨 일이 벌어지는가? C_V가 음수면 온도를 높일 때 내부에너지는 줄어든다. 또는 내부에너지를 높일 때 온도는 내려간다. C_V가 음수인 상황에서 부분계1의 내부에너지를 조금 높이고 부분계2의 내부에너지를 조금 낮추면, 부분계1의 온도는 조금 떨어지고 부분계2의 온도는 조금 높아진다. 열은 온도가 높은 곳에서 낮은 곳으로 흐르는데 온도가 떨어지면 그곳으로 열이 흘러와 내부에너지를 더 높인다. 부분계1의 내부에너지가 더 높아지면 다시 그 부분계의 온도를 더 떨어뜨린다. 결국 부분계1의 온도는 줄곧 떨어지고 부분계2의 온도는 줄곧 높아진다. 이런 식으로 내부에너지의 작은 변화에도 전체 물리계의 평형이 빠르게 깨진다. 따라서 한 물리계의 C_V가 음수면 그 물리계의 평형은 불안정하다. 절대온도를 음수로 설정할지 양수로 설정할지 고를 때 우리는 열이 들어오면 온도가 더 높아지도록 온도를 정의했다. 이 때문에 부피를 고정한 상태에서 열을 주어 내부에너지를 키우면 그 물질의 온도는 대체로 올라간다. 이는 대부분 물리계의 C_V가 양수임을 뜻한다. 결국 만일 두 부분계가 온도가 같아져 평형에 이르면 그 평형은 안정하다.

0411. 자유에너지

평형 상태에서 물리계는 부피, 압력, 온도, 내부에너지, 엔트로피 따위를 갖는다. 이들 물리량은 각자 따로따로 놀지 않으며 이들 사이에 관계식이 성립한다. 만일 한 물리계의 부피와 엔트로피가 주어지면 그 물리계의 내부에너지를 셈할 수 있다. 달리 말해 평형 상태에서 물리계의 내부에너지 U는 엔트로피 S와 부피 V의 상태 함수다. 이를 수학 말꼴로 다음과 같이 표현한다.

$$U = U(S, V)$$

부피를 고정한 상태에서 엔트로피에 따른 내부에너지의 변화율 $(\partial U/\partial S)_V$를 구하면 이 물리계의 온도가 나온다. 나아가 엔트로피를 고정한 상태에서 부피에 따른 내부에너지의 변화율 $(\partial U/\partial V)_S$을 구하면 이 물리계의 압력에 음수를 취한 값이 나온다. 곧

$$\left(\frac{\partial U}{\partial S}\right)_V = T$$

$$\left(\frac{\partial U}{\partial V}\right)_S = -P$$

이 식을 유도할 수 없어도 되고 정확히 이해하지 않아도

된다. 다만 한 물리계의 내부에너지를 엔트로피와 부피의 함수로 표현하면 이로부터 물리계의 나머지 상태 곧 온도와 압력을 알 수 있다는 점이 중요하다. 이 경우 '내부에너지'를 "열역학 포텐셜"이라 하고 '엔트로피'와 '부피'를 이 포텐셜의 "자연 좌표"라 한다. 자연 좌표를 다른 것으로 바꾸면 열역학 포텐셜도 다른 것으로 바뀐다.

열조 R과 열 접촉하는 물리계 A를 생각하겠다. 이들의 온도는 T인데 이들은 서로 열 접촉하는 가운데서도 온도가 바뀌지 않는다. 열조 R은 물리계 A의 환경으로 여겨도 좋다. 열조 R과 물리계 A를 묶은 전체 물리계는 고립계다. 열 접촉을 마친 뒤 물리계 A는 처음 엔트로피 S_o에서 S로 바뀐다. 열조 R은 열 Q를 물리계 A로 내보냈는데 이 과정에서 열조의 엔트로피 변화는 적어도 $-Q/T$다. 물리계 A의 엔트로피 변화는 $S - S_o$고 열조 R의 엔트로피 변화는 적어도 $-Q/T$다. 따라서 열조 R과 물리계 A로 이뤄진 전체 물리계의 엔트로피 변화는 적어도 $S - S_o - Q/T$다. 전체 물리계는 고립계이니 이 값은 0보다 크거나 같다. '$S - S_o - Q/T$'에 양수 T를 곱한 것도 0보다 크거나 같다.

(1) $T(S - S_o) - Q \geq 0$

열역학 제1법칙에 따르면 물리계 A의 내부에너지 변화 ΔU는 들어온 열 Q에서 이 물리계가 한 일 W_T를 뺀 것과 같다. 곧 $\Delta U = Q - W_T$. 물리계 A의 처음 내부에너지가 U_o고 나중 내부에너지가 U면 ΔU는 $U - U_o$다. 따라서 $U - U_o = Q - W_T$. 여기서 "$Q = U - U_o + W_T$"를 얻고 이를 식 (1)에 넣어 "$T(S - S_o) - (U - U_o + W_T) \geq 0$"을 얻는다. 이를 간추리면

(2) $W_T \leq (U_o - TS_o) - (U - TS)$

이다.

이 식에 나오는 '$U - TS$'를 "헬름홀츠 자유에너지" 또는 "자유에너지"라 한다. 이를 F라 쓰면 '$U_o - TS_o$'는 물리계의 처음 자유에너지 F_o다. 식 (2)는

(3) $W_T \leq F_o - F$

로 간추릴 수 있다. 따라서 물리계 A가 온도 T의 열조 R에서 열을 받아 한 일 W_T의 최댓값은 '$F_o - F$'다. 이는 자유에너지가 줄어든 몫이다. 곧 열조와 열 접촉하는 물리계가 할 수 있는 일의 최댓값은 그 물리계의 자유에너지 감소량과 같다. 이는 물리계의 온도가 일정한 상황에서 성립한다. 열조는 물리계의 환경으로 여겨도 좋다. 환경과 물리계의 복합계는 고립

계인데 전체 자연계도 고립계다. 만일 한 물리계의 자유에너지가 처음보다 늘어났다면 이 과정에서 이 물리계는 바깥에 양의 일을 하지 않았다. 만일 한 과정에서 이 물리계가 바깥에 양의 일을 했다면 그 물리계의 자유에너지는 적어도 그만큼 줄어야 한다.

온도뿐만 아니라 부피까지 일정하다면 열조 R과 물리계 A로 이뤄진 전체 물리계가 한 일 W_T는 0이다. 이 경우

$F \leq F_0$

가 성립한다. 이는 나중 자유에너지가 처음 자유에너지보다 작음을 뜻한다. 곧 온도와 부피가 고정된 상태에서 물리계의 자유에너지는 늘어나지 않는다. 물리계의 자유에너지가 언젠가 최솟값에 이르면 자유에너지는 더 줄 수도 더 늘 수도 없는 평형 상태에 이른다. 이처럼 물리계의 온도와 부피가 고정되면 이 물리계의 자유에너지도 언젠가 한 값으로 결정된다. 이 점에서 자유에너지는 상태 함수다. 한편 '온도와 부피'를 물리계의 자연 좌표로 잡으면 이때의 열역학 퍼텐셜은 헬름홀츠 자유에너지다.

바깥 열조와 열 접촉하지만 온도와 부피가 바뀌지 않는 물리계의 경우 평형 상태에서 헬름홀츠 자유에너지는 최

솟값이다. 자유에너지가 최솟값이 되는 조건은 곧 안정된 평형의 조건이기도 하다. 이 조건을 수학 관계식을 써서 찾을 수 있다. 무엇보다 평형에서 물리계 각 부분의 압력은 똑같다. 애초에 이 물리계는 온도가 고정된 물리계였다. 결국 평형 상태에서 이 물리계는 각 부분의 온도가 똑같고 각 부분의 압력이 똑같다. 이 경우 평행 상태에서 이 물리계는 내부에 열 흐름이 없고 일 흐름도 없다. 결국 한 물리계가 제아무리 열량을 많이 품더라도 이 물리계는 제 홀로 일을 생성할 수 없다.

자유에너지가 최솟값이 되는 다른 조건에는 '등온부피탄성률'이 양수여야 한다는 조건이 있다. 이는 온도를 고정한 상태에서 물리계의 부피를 줄이면 그 물리계의 압력이 높아져야 함을 뜻한다. 또는 온도를 고정한 상태에서 물리계의 부피를 늘이면 그 물리계의 압력이 낮아져야 함을 뜻한다. 만일 '등온부피탄성률'이 음수면 무슨 일이 벌어지는가? 이 경우 물리계의 온도를 고정한 상태에서 물리계의 부피를 줄이면 그 물리계의 압력은 낮아진다. 등온부피탄성률이 음수인 한 물리계를 생각할 텐데 이 물리계를 부분계1과 부분계2로 나누겠다. 이 물리계의 전체 부피는 고정되었기에 부분계1의 부피를 조금 줄이면 부분계2의 부피는 조금 늘어난다. 이 경우 부분계1의 압력은 낮아지고 부분계2의 압력은 높아진다. 부분계2의 압력이 높아지면 이는 부분계1의 부피를 더욱 줄이는데 이로써 부분계1의 압력은 더욱 낮아진다. 결국 부분계1의 부피가 아주 조금 바뀌어도 부분계1과 부분계2의 부피 및 압력이 크게 바뀐다. 이처럼 등온부피탄성률이 음수면 약간의 변화에도 물리계는 평형을 잃는다. 물질의 등온부피탄성률은 대체로 양수인데 물질의 부피를 조금 줄이면 압력이 높아져 원래 부피로 되돌아간다.

    대기는 온도가 거의 바뀌지 않는 열조 역할을 한다. 또 대기는 압력도 거의 일정하게 유지한다. 이 때문에 대기에 놓인 풍선은 대체로 똑같은 온도와 압력을 유지한다. 부피는 바뀌지만 압력과 온도가 바뀌지 않는 물리계 B를 생각하겠다. 물리계 B의 부피가 V_0에서 V로 바뀌는 동안 이 물리계가 바깥에 한 일은 '$P\Delta V$' 곧 '$PV - PV_0$'다. '$PV - PV_0$'는 물리계가 압력을 유지하는 대가로 한 일이다. 이 물리계가 '온도를 유지하며 하는 일' W_T에서 '압력을 유지하며 그 대신 부피를 늘려 하는 일'을 뺀 것을 W_{PT}로 쓰겠다.

(4) $W_{PT} = W_T - (PV - PV_0)$

W_{PT}는 온도와 압력을 유지하는 물리계가 '이동 경계일'을 빼고 추가로 더 한 일이다. 식 (3) "$W_T \le F_0 - F$"를 식 (4)에 넣어

(5) $W_{PT} = W_T - (PV - PV_o) \leq (F_o + PV_o) - (F + PV)$

를 얻는다.

이 식에 나오는 "$F + PV$" 곧 "$U - TS + PV$"를 "깁스 자유에너지"라 하고 짧게 G라 쓴다. '$F_o + PV_o$'는 물리계의 처음 깁스 자유에너지 G_o고 '$F + PV$'는 나중 깁스 자유에너지 G다. 식 (5)를 간추려

$W_{PT} \leq G_o - G$

를 얻는다. 곧 W_{PT}의 최댓값은 '$G_o - G$'다. 이는 깁스 자유에너지가 줄어든 몫이다. 따라서 온도와 압력을 유지하는 물리계가 부피를 늘이는 일을 빼고 할 수 있는 일의 최댓값은 그 물리계의 깁스 자유에너지 감소량과 같다. 물리계가 '$P\Delta V$' 말고 다른 일을 아예 하지 않았다면 "$G \leq G_o$"가 성립한다. 이 경우 나중 깁스 자유에너지는 처음 깁스 자유에너지보다 작다. 부피를 늘이는 일을 빼고 물리계가 안팎으로 다른 일을 하지 않은 채 물리계의 온도와 압력이 고정된다면 깁스 자유에너지는 늘어나지 않는다. 온도와 압력이 고정된 물리계는 언젠가 최솟값의 깁스 자유에너지에 이른다. 깁스 자유에너지가 최솟값에 이르면 깁스 자유에너지는 더 늘 수 없으니 그때 깁스

자유에너지는 고정되고 평형에 이른다. 결국 물리계의 온도와 압력이 주어지면 평행 상태에서 이 물리계의 깁스 자유에너지는 한 값으로 결정된다. 한편 온도와 압력을 자연 좌표로 잡을 때의 열역학 퍼텐셜은 깁스 자유에너지다.

05장 통계 엔트로피

물리계는 한 거시상태에서 다른 거시상태로 바뀌곤 한다. 이 경우 물리계는 별로 일어날 것 같지 않은 거시상태에서 일어나기 더 쉬운 거시상태로 바뀔 것이다. 한 거시상태의 일어남직함은 그 상태에 해당하는 가능한 미시상태의 개수에 비례한다. 따라서 물리계는 가능한 미시상태의 수가 적은 거시상태에서 가능한 미시상태의 수가 더 많은 거시상태로 바뀐다. 볼츠만은 엔트로피를 가능한 미시상태의 수에 비례하는 양으로 정의한다. 이 경우 엔트로피의 증가는 곧 가능한 미시상태 수가 더 많은 상태로 물리계가 바뀜을 뜻한다. 볼츠만 엔트로피는 더 일반화될 수 있는데 가장 일반화된 통계 엔트로피는 정보 엔트로피다. 이 장에서는 볼츠만 엔트로피, 깁스 엔트로피, 정보 엔트로피를 짧게 다룬다.

0501. 기체의 운동이론

오늘날은 물리계가 여러 알갱이로 이뤄졌으리라 믿는 데 아무 거리낌이 없다. 우리는 물리계를 여러 알갱이의 모임 곧 뭇 알갱이계로 여김으로써 압력, 온도, 내부에너지, 열, 엔트로피 따위 개념을 더 또렷이 하려 한다. 그렇게 하려면 한 알갱이의 운동이론을 이해해야 한다. 이에 필요한 개념은 '운동량', '운동에너지', '위치에너지', '역학에너지'다. 먼저 운동량부터 이야기한다.

표현 "크게 움직인다"와 "작게 움직인다"에서 드러나듯 우리는 운동에 크기가 있다고 생각한다. '운동량'은 운동의 크기를 나타내는 물리량이다. 물체의 속도가 클수록 또한 물체의 질량이 클수록 물체의 운동량은 클 것이다. '운동량'은 물체의 질량에 비례하고 물체의 속도에 비례할 것 같다. 이를 반영하여 한 알갱이의 운동량 p는 그것의 질량 m과 속도 v의 곱으로 정의한다. 곧

$$p = mv$$

속도 v는 크기뿐만 아니라 방향을 갖는데 이런 물리량을 "벡터 물리량"이라 한다. 운동량의 시간 변화율은 'mv'의 시간 변화율이다. 여기서 'X의 시간 변화율'은 '지극히 짧은 시간 동

안 X가 바뀌는 정도'를 말한다. 운동하는 가운데 알갱이의 질량 m이 바뀌지 않으면 'mv'의 시간 변화율은 v의 시간 변화율에 m을 곱한 것과 같다. 'v의 시간 변화율'은 정의상 가속도다. 따라서 운동량의 시간 변화율은 '질량 곱하기 가속도'와 같다. 뉴턴의 둘째 운동법칙 '$F = ma$'에 따르면 '질량 곱하기 가속도'는 알갱이에 미치는 힘과 같다. 따라서 알갱이에 미치는 힘은 운동량의 시간 변화율과 같다.

공간에 놓인 한 알갱이는 뉴턴의 첫째 운동법칙에 따라 관성 운동을 한다. 이 경우 속도가 바뀌지 않기에 질량과 속도를 곱한 운동량도 바뀌지 않는다. 물리계 바깥에서 힘이 미치지 않는다면 물리계의 운동량은 바뀌지 않는다. 이를 "운동량 보존법칙"이라 하는데 "보존"은 '그 양이 바뀌지 않음'을 뜻한다. 여러 알갱이로 이뤄진 뭇알갱이계에서도 운동량보존법칙은 성립한다. 여러 알갱이의 운동량은 각 알갱이의 운동량을 더한 것과 같다. 한 물리계를 이루는 알갱이들이 서로 힘을 미칠 때조차도 대체로 전체 물리계의 운동량은 보존된다.

공간 모든 곳에 물리 변화를 낳는 요인이 있을 때 그 공간을 "마당"이라 부른다. 특히 알갱이가 어느 곳에 있든 공간 곳곳에 알갱이한테 미치는 힘이 있으면 그 공간은 '힘 마당'이다. 공간 어디에서도 알갱이한테 힘이 미치지 않으면 그 공간은 말 그대로 '빈터'며 '진공'이다. 처음에 빈터에 멈춰 있는 한 알갱이를 생각하겠다. 이 알갱이 바깥에서 힘 F를 주면 알갱이는 차츰 속도 v를 얻는다. 힘 F를 주어 알갱이가 속도 v를 얻기까지의 일을 셈하면 $mv^2/2$ 이다. 이 셈을 여기에 적지는 않겠다. 빈터에 멈춰 있던 알갱이가 속도 v를 얻기까지 해준 일은 '$mv^2/2$만큼의 무엇'으로 알갱이한테 쌓인다. 이 물리량 $mv^2/2$을 "운동에너지"로 정의한다. 이 정의를 쓰면 이렇게 말할 수 있다. 빈터에 멈춰 있던 알갱이가 지금의 속도를 얻기까지 해준 일은 모두 알갱이의 운동에너지로 쌓인다. 운동에너지를 말꼴로 짧게 K로 쓰겠다.

$$K = \frac{1}{2} mv^2$$

마찬가지로 빈터에서 처음에 속도가 v_0던 알갱이한테 일해주어 속도를 v로 늘였다면 이때 해준 일은 모두 운동에너지를 늘리는 데 쓰인다. 이때 늘어난 운동에너지는 '$mv^2/2 - mv_0^2/2$'이다. 이는 나중 운동에너지에서 처음 운동에너지를 뺀 것이다.

 알갱이에게 미치는 힘이 아예 없으면 알갱이의 운동량과 운동에너지는 바뀌지 않는다. 하지만 알갱이가 힘 마당에 놓이면 알갱이의 운동량과 운동에너지는 바뀐다. 알갱이가 힘 마당의 어디에 있느냐에 따라 그 알갱이는 힘을 크게 받거나 작게 받는다. 이 경우 알갱이는 힘을 덜 받는 다른 곳으로 움직인다. 이 움직임을 설명하려고 "위치에너지"를 정의한다. 위치에너지는 알갱이가 힘 마당의 한 위치에 놓임으로써 갖는 에너지다. 한 위치에서 알갱이의 위치에너지는 '그 알갱이를 그 위치에 이르기까지 해준 일'로 정의한다. 힘 마당에서 알갱이의 위치가 달라지면 위치에너지도 달라진다.

위치 B에 있는 알갱이를 아주 천천히 위치 A로 옮긴다. 이렇게 옮기려면 힘 마당이 알갱이에게 미치는 힘을 거슬러 알갱이를 옮겨야 한다. 알갱이의 속력을 바꾸지 않았다면 힘 마당을 거슬러 알갱이한테 해준 일은 위치에너지를 늘리는 데 모두 쓰인다. 알갱이가 위치 A에 있을 때 알갱이의 위치에너지를 V_A로 쓰고 위치 B에서 위치에너지를 V_B로 쓰겠다. 알갱이를 위치 B에서 위치 A로 옮길 때 늘어난 위치에너지는 '$V_A - V_B$'다. 늘어난 위치에너지 '$V_A - V_B$'는 알갱이를 위치 B에서 위치 A로 옮길 때 해준 일과 같다. 만일 알갱이가 위치 A에서 다시 위치 B로 저절로 움직이면 위치에너지는 '$V_A - V_B$'만큼 줄어든다. 한편 알갱이가 위치 A에서 위치 B로 저절로 움직이면 이 알갱이는 저절로 속도를 얻는다. 만일 줄어든 위치에너지가 어딘가로 사라지지 않는다면 이는 모두 알갱이의 운동에너지를 늘리는 데 쓰인다. 다시 말해 위치 A에서 위치 B로 움직일 때 줄어든 위치에너지 '$V_A - V_B$'는 알갱이의 운동에너지를 늘리는 데 쓰인다. 위치 A에서 운동에너지가 $mv_A^2/2$이고 위치 B에서 운동에너지가 $mv_B^2/2$이면 이때 늘어난 운동에너지는 '$mv_B^2/2 - mv_A^2/2$'다. 따라서 '$V_A - V_B$'는 '$mv_B^2/2 - mv_A^2/2$'과 같다. 이로부터

$$(1) \quad \frac{1}{2} mv_A^2 + V_A = \frac{1}{2} mv_B^2 + V_B$$

를 얻는다.

'$mv_A^2/2 + V_A$'는 위치 A에서 알갱이의 운동에너지 더하기 위치에너지다. '$mv_B^2/2 + V_B$'는 위치 B에서 운동에너지 더하기 위치에너지다. 운동에너지와 위치에너지를 더한 물리량을 "역학에너지"라 한다. 역학에너지를 말끝로 짧게 E로 쓰겠다.

$$E = \frac{1}{2} mv^2 + V$$

여기서 $mv^2/2$은 질량 m인 알갱이의 운동에너지고 V는 이 알갱이의 위치에너지다. 식 (1)은 알갱이가 힘 마당의 한 위치 A에서 다른 위치 B로 움직이더라도 역학에너지가 바뀌지 않음을 뜻한다. 이처럼 알갱이가 힘 마당 안에서 이리저리 움직이

더라도 역학에너지는 시간에 따라 바뀌지 않는다. 이를 "역학에너지보존법칙"이라 한다.

오늘날은 열을 여러 알갱이의 운동으로 여기지만 열의 운동이론은 손쉽게 얻어지지 않았다. 먼저 스위스 수학자 다니엘 베르누이[1700-1782]는 기체의 압력을 알갱이의 충돌로 이해했다. 그는 압력이 알갱이의 운동에너지에 비례한다고 결론내렸다. 하지만 그도 알갱이들의 운동에너지와 열을 연관 짓지는 못했다. 영국 물리학자 존 헤라패스[1790-1868]는 온도가 알갱이의 속력에 비례한다고 제안했는데 나중에 제임스 줄은 그의 이론을 활용했다. 아마도 스코틀랜드 물리학자 존 제임스 워터스톤[1811-1883]은 기체의 온도가 알갱이의 속력 제곱에 비례한다는 점을 처음으로 주장했다. 그는 이를 담은 논문을 1843년에 투고했지만 거부되었다. 영국 물리학자 존 윌리엄 레일리[1842-1919]가 1891년에 이 논문을 뒤늦게 발견했다. 독일 물리학자 루돌프 클라우지우스[1822-1888]는 온도가 알갱이의 운동에너지에 비례한다는 주장을 1850년쯤부터 학계에 퍼트렸다.

부피가 V고 N개 알갱이로 이뤄진 기체를 생각하겠다. 이 기체는 벽으로 둘러싸였는데 이들 N개 가운데 절반은 오른쪽으로 움직이고 나머지 절반은 왼쪽으로 움직인다. 이 경우 이 기체가 오른쪽 벽에 미치는 압력을 셈하고 싶다. 벽의 면적이 A고 기체가 이 벽에 힘 F를 미친다면 기체가 벽에 미치는 압력 P는 정의상 F/A다. 뉴턴의 셋째 운동법칙에 따르면 두 물체 ㄱ과 ㄴ이 서로 힘을 미치면 ㄱ이 ㄴ에 미치는 힘은 ㄴ이 ㄱ에 미치는 힘과 크기가 같고 방향은 반대다. 따라서 알갱이가 벽에 미치는 힘은 벽이 알갱이에 미치는 힘과 크기가 같고 방향은 반대다. 셈을 쉽게 하려고 알갱이들은 서로 충돌하지 않고 오직 벽하고만 충돌한다고 가정한다. 또한 이들 알갱이의 속력이 모두 똑같다고 가정한다. 한편 알갱이한테 미치는 힘은 알갱이의 운동량 변화율과 같다. 곧 알갱이가 받는 힘 $F_{알}$은 짧은 시간 변화 Δt 동안 생긴 짧은 운동량 변화 Δp의 비율이다. 따라서 $F_{알} = \Delta p/\Delta t$.

오른쪽으로 움직이는 운동에 양의 부호를 주고 왼쪽으로 움직이는 운동에 음의 부호를 주겠다. 한 알갱이가 오른쪽 벽에 부딪힐 때 운동량 변화는 $-2mv$다. 왜냐하면 처음에 운동량 mv로 날아가 벽에 부딪힌 뒤 $-mv$의 운동량이 되기 때문이다. 따라서 $\Delta p = -2mv$. 한편 시간 Δt 동안 벽에 부딪히는 알갱이 수는 '부피 당 알갱이 수' × 'Δt 동안 벽에 부딪힐 알갱이의 부피'다. 부피 당 알갱이 수는 N/V이다. 벽면의 면적은 A이고, 시간 Δt 동안 알갱이가 지나가는 길이는 $v\Delta t$이기에 Δt 동안 벽에 부딪힐 알갱이의 부피는 $Av\Delta t$다.

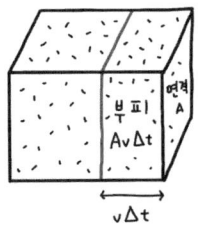

따라서 시간 Δt 동안 벽에 부딪히는 알갱이 수는 $(N/V)(Av\Delta t)$다. 하지만 오른쪽으로 움직이는 알갱이의 전체 수는 $N/2$이기에 Δt 동안 오른쪽 벽에 부딪히는 알갱이 수는 $(N/2V)(Av\Delta t)$다. 이 시간 동안 한 알갱이의 운동량 변화 Δp는 $-2mv$이기에 오른쪽 벽에 부딪히는 알갱이 전체의 운동량 변화는 $(N/2V)(Av\Delta t)(-2mv)$다. 따라서 $F_{알} = \Delta p/\Delta t = -NAmv^2/V$. 결국 벽에 미치는 압력 P는

(2) $P = F/A = -F_{알}/A = Nmv^2/V$

이다.

기체 알갱이들 모두가 똑같은 방향으로 움직이지는 않으며 속력도 모두 똑같지는 않다. 한 알갱이의 속도는 방향과 크기를 갖는데 이를 흔히 (v_x, v_y, v_z)로 나타낸다. 오른쪽 벽면

에 수직인 방향을 x 방향으로 잡겠다. 이 경우 오른쪽 벽면에 미치는 압력을 셈하려면 전체 속도에서 x 성분 곧 v_x만 고려해야 한다.

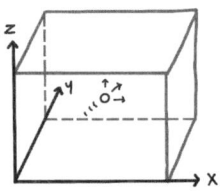

이 때문에 식 (2)에서 v^2은 v_x^2으로 고쳐야 한다. 오른쪽 벽면에 미치는 압력은 Nmv_x^2/V다. 하지만 이것도 올바르지 않다. 왜냐하면 각 알갱이의 v_x가 모두 똑같지는 않기 때문이다. 이 경우 v_x^2 대신 v_x^2의 평균을 넣는 것이 낫겠다. v_x^2의 평균을 말꼴로 보통 $\langle v_x^2 \rangle$으로 쓴다. 이 말꼴을 쓰면 오른쪽 벽면에 미치는 압력은 $Nm\langle v_x^2 \rangle/V$이다. 한편 한 알갱이의 속력 제곱 v^2은 $v_x^2 + v_y^2 + v_z^2$과 같다. 'A 더하기 B'의 평균은 'A의 평균 더하기 B의 평균'과 같다. 따라서 각 알갱이의 속력 제곱 평균 $\langle v^2 \rangle$은

$$\langle v^2 \rangle = \langle v_x^2 + v_y^2 + v_z^2 \rangle = \langle v_x^2 \rangle + \langle v_y^2 \rangle + \langle v_z^2 \rangle$$

이다. 알갱이들의 운동이 특정 방향으로 치우치지 않았다면

어느 방향에서든 속력 평균은 똑같다. 곧 $\langle v_x^2 \rangle = \langle v_y^2 \rangle = \langle v_z^2 \rangle$. 결국 $\langle v^2 \rangle = 3\langle v_x^2 \rangle$. 따라서 오른쪽 벽면에 미치는 압력은 $Nm\langle v^2 \rangle/3V$이다. 한편 평형 상태에서 기체의 압력은 어느 방향으로 재어도 똑같다. 따라서 $P = Nm\langle v^2 \rangle/3V$. 이로부터 '$PV = Nm\langle v^2 \rangle/3$'을 얻는다. 기체를 이루는 각 알갱이의 질량이 다르다면

$$PV = \frac{N\langle mv^2 \rangle}{3}$$

이다.

이상기체 방정식 "$PV = kNT$"를 여기에 대입하면 "$\langle mv^2 \rangle/3 = kT$"를 얻는다. 한 알갱이의 운동에너지는 $mv^2/2$인데 기체를 이루는 알갱이들의 평균 운동에너지는 $\langle mv^2 \rangle/2$이다. 알갱이들의 평균 운동에너지를 K라 쓰면 K와 기체의 온도 T 사이에 다음 관계식이 성립한다.

$$K = \frac{3}{2}kT$$

또는 '$T = 2K/3k$'가 성립한다. 따라서 기체의 온도 T는 기체의 평균 운동에너지 K에 $2/3k$를 곱한 것과 같다. 이처럼 기체 물리계를 뭇알갱이계로 여기면 기체의 온도는 그 기체를 이루는 알갱이들의 평균 운동에너지에 따라 결정된다. 알갱이

들 사이의 상호작용이 매우 약하다면 이들의 위치에너지는 거의 무시할 수 있다. 이 경우 이상기체의 전체 운동에너지는 내부에너지다. 결국 이상기체의 내부에너지는 기체의 온도에 따라 완전히 결정된다.

투열벽을 사이에 두고 열 접촉하는 두 물리계를 생각하는데 이 투열벽은 움직일 수 있다. 이들 물리계는 비슷한 질량의 알갱이들로 이뤄졌다. 물리계1은 온도가 더 높고 물리계2는 온도가 더 낮다. 이 경우 물리계1의 평균 운동에너지는 물리계2의 평균 운동에너지보다 크다. 달리 말해 물리계1에는 물리계2보다 더 빠른 알갱이들이 많다. 이들 알갱이가 벽을 때리면 벽에 압력을 미친다. 이 압력으로 벽을 움직이면 물리계1의 부피는 늘어나고 물리계2의 부피는 줄어든다. 이로써 물리계1은 물리계2에게 $P\Delta V$만큼 일하게 된다. 이처럼 물리계 사이의 일 전달은 투열벽이든 단열벽이든 벽의 거시 운동으로 빚어진다.

반면 물리계들 사이의 열 흐름은 투열벽을 이루는 알갱이의 미시 운동으로 생겨난다. 빠른 알갱이들이 투열벽을 때리면 투열벽을 이루는 알갱이들이 더 빨리 떨게 된다. 이로써 투열벽 알갱이들의 운동에너지가 늘어난다. 물리계1의 알갱이는 투열벽의 알갱이한테 에너지를 넘긴 뒤 속력을 조금 잃는다. 물리계1이 운동에너지를 잃은 만큼 물리계1의 온도는 떨어진다. 투열벽 알갱이의 빠른 떨림 덕분에 물리계2의 알갱이는 벽에 부딪혀 튕겨 나올 때 약간의 속력을 더 얻는다. 이 경우 물리계2의 운동에너지가 조금 더 늘어나는데 이로써 물리계2의 온도는 조금 올라간다. 이를 두고 "투열벽 사이에 열이 흘렀다"고 표현한다. 이처럼 투열벽 사이를 흐르는 열은 알갱이들의 부딪힘과 떨림으로 설명할 수 있다.

0502. 볼츠만 엔트로피

두 알갱이로 이뤄진 물리계를 생각하겠다. 우리는 이 물리계의 에너지를 알지 못한다. 다만 각 알갱이의 에너지는 단위를 생략하고 1, 2, 3, 4, 5, 6 가운데 하나다. 두 알갱이가 에너지를 갖는 방식은 모두 36가지다. 첫째 알갱이와 둘째 알갱이의 에너지 값 (2, 3) 따위는 '미시상태'를 특징짓고 전체 물리계의 에너지 값 5 따위는 '거시상태'를 특징짓는다고 생각하겠다. 만일 이 물리계의 거시상태가 4면 미시상태는 (1, 3), (2, 2), (3, 1) 가운데 하나다. 전체 에너지 E에 해당하는 미시상태의 수를 $W(E)$로 쓰면 $W(1) = 0$, $W(2) = 1$, $W(3) = 2$, $W(4) = 3$, $W(5) = 4$, $W(6) = 5$, $W(7) = 6$, $W(8) = 5$다. $W(E)$는 E가 커짐에 따라 대체로 커진다. 알갱이 수가 아주 많고 한 알갱이가 갖는 에너지의 한계가 없으면 $W(E)$는 E가 커짐에 따라 커진다. 만일 36가지 미시상태의 가능성이 모두 똑같다면 각 상태의 가능성은 1/36이다. 이 경우 물리계의 전체 에너지가 1일 가능성은 0이고, 4일 가능성은 3/36이고, 5일 가능성은 4/36다. 아무튼 각 미시상태의 가능성이 모두 똑같으면 $W(E)$는 물리계가 어느 거시상태에 있을지를 알려주는 좋은 정보다. 물리계의 전체 에너지가 보존된다면 $W(E)$ 자체도 고정된다.

부분계1과 부분계2로 이뤄진 단열 고립 물리계를 생각

하겠다. 부분계1과 부분계2는 열 접촉하는데 부분계1의 에너지와 부분계2의 에너지는 각각 보존되지 않는다. 하지만 부분계1의 에너지와 부분계2의 에너지를 합한 전체 물리계의 전체 에너지는 보존된다. 보기를 들어 부분계1의 에너지와 부분계2의 에너지는 각각 1, 2, 3, 4, 5, 6 가운데 하나고 전체 에너지는 4다. 이 경우 두 부분계의 에너지 상태는 (1, 3), (2, 2), (3, 1) 가운데 하나다. 세 상태 (1, 3), (2, 2), (3, 1)을 각각 거시상태로 여기고 이를 각각 ㄱ, ㄴ, ㄷ이라 하겠다. 이들 거시상태에서 물리계의 에너지는 모두 똑같이 4지만 이들에 해당하는 미시상태의 수는 다를 수 있다. 가정컨대 거시상태 ㄱ에 해당하는 미시상태 수는 1이고, 거시상태 ㄴ에 해당하는 미시상태 수는 1000이고, 거시상태 ㄷ에 해당하는 미시상태 수는 10이다. 곧 $W(ㄱ) = 1$, $W(ㄴ) = 1000$, $W(ㄷ) = 10$. 전체 물리계가 ㄱ, ㄴ, ㄷ 가운데 한 상태에 있다면 이 물리계는 어느 상태에 있을까? 각 미시상태들의 가능성이 모두 똑같다면 이 물리계가 ㄱ이나 ㄷ에 있을 가능성은 11/1011이다. 반면 이 물리계가 ㄴ에 있을 가능성은 1000/1011이다.

만일 물리계가 거시상태들 ㄱ, ㄴ, ㄷ 가운데 한 상태에 머무는데 어느 상태인지 모른다면 우리는 물리계가 상태 ㄴ에 있으리라 믿는 편이 낫다. 믿음의 크기를 나타내는 양을

"믿음직함"이라 한다. 보통 '가능성'이나 '확률'은 크게 두 가지로 이해할 수 있다. 하나는 믿음의 정도를 나타내는 '믿음직함'이다. 다른 하나는 객관 가능성을 나타내는 '일어남직함'이다. 물리계가 상태 ㄱ에 있으리라는 믿음직함은 약 0.1%고 물리계가 상태 ㄷ에 있으리라는 믿음직함은 약 1%다. 반면 물리계가 상태 ㄴ에 있으리라는 믿음직함은 98.9%다. 우리는 물리계가 상태 ㄴ에 있으리라 매우 강하게 믿을 만하다.

물리계가 거시상태 ㄱ, ㄴ, ㄷ 가운데 하나에서 다른 하나로 왔다 갔다 한다면 어떻게 되는가? 지금 상태가 ㄱ이면 그다음 상태는 ㄱ, ㄴ, ㄷ 가운데 하나다. 이 경우 다음 상태는 거의 확실히 ㄴ이다. 지금 상태가 ㄷ이면 그다음 상태는 거의 확실히 ㄴ이다. 지금 상태가 ㄴ이면 그다음 상태도 거의 확실히 ㄴ이다. 상태 ㄱ에서 상태 ㄴ으로 변화는 쉽게 일어나지만 상태 ㄴ에서 상태 ㄱ으로 변화는 그렇지 않다. 아무튼 우리가 주로 경험할 물리계의 거시상태는 ㄴ이다. 상태들 ㄱ, ㄴ, ㄷ은 에너지 측면에서는 서로 구별되지 않는다. 반면 다른 측면에서 상태 ㄴ은 특별한데 $W(ㄴ)$이 다른 상태에 견주어 매우 크다는 점이다. 물리계가 엔트로피가 최대인 상태에 차츰 이르듯이 물리계는 $W(E)$가 최대인 상태에 차츰 이른다. 이것은 $W(E)$와 엔트로피 사이의 연관성을 넌지시 알려준다.

물리계1과 물리계2로 이뤄진 합성 물리계를 생각한다. 두 물리계는 열 접촉하지만 알갱이는 서로 교환하지 않는다. 둘을 모은 전체 물리계는 고립계며 바깥에다 일하지 않아 전체 내부에너지는 E로 고정된다. 물리계1의 내부에너지는 E_1이고 물리계2의 내부에너지는 E_2다. 이 경우 '$E = E_1 + E_2$'가 성립한다. '$E = E_1 + E_2$'를 만족하는 거시상태 (E_1, E_2)들은 매우 많다. 상태 (E_1, E_2)들은 제각기 아주 많은 미시상태들을 갖는다. $W(E_1, E_2)$는 상태 (E_1, E_2)의 미시상태 수다. 전체 내부에너지 E를 만족하는 미시상태들의 수 $W(E)$는 물리계가 상태 (E_1, E_2)들 가운데 어느 상태에 있느냐에 따라 결정된다. 따라서 $W(E) = W(E_1, E_2)$. 다만 E 곧 $E_1 + E_2$는 고정되지만 E_1과 E_2 각각은 고정되지 않는다. 물리계1과 물리계2는 아주 많은 미시상태들을 각각 갖는다. $W_1(E_1)$은 물리계1의 에너지가 E_1인 미시상태들의 수고 $W_2(E_2)$는 물리계2의 에너지가 E_2인 미시상태들의 수다.

전체 물리계의 미시상태 수는 부분계 미시상태 수들의 곱과 같다. 예컨대 만일 물리계1의 미시상태 수가 10이고 물리계2의 미시상태 수가 100이면 전체 물리계의 미시상태 수는 10×100이다. 따라서 $W(E_1, E_2) = W_1(E_1)W_2(E_2)$가 성립한다. 간추리면

(1) $W(E) = W_1(E_1)W_2(E_2)$

다. 물리계1과 물리계2는 열을 주고받으며 적절한 내부에너지 상태 (E_1, E_2)에 이른다. 이 상태는 아마도 가능한 거시상태 (E_1, E_2)들 가운데 $W(E_1, E_2)$가 가장 큰 상태다. 이는 곧 $W_1(E_1)W_2(E_2)$가 최대인 상태다. 따라서 전체 에너지 E가 고정되었다면 전체 물리계는 아마도 $W_1(E_1)W_2(E_2)$를 최대화하는 상태 (E_1, E_2)에 이른다.

물리계2의 내부에너지 E_2는 $E - E_1$이다. 따라서 $W_1(E_1)W_2(E_2) = W_1(E_1)W_2(E-E_1)$. 함수의 최댓값 지점에서 함숫값은 늘어나다가 줄어든다. 이 때문에 함수의 최댓값 지점에서 이 함수의 변화율은 0이다. 따라서 $W_1(E_1)W_2(E - E_1)$의 최댓값에서 E_1에 따른 $W_1(E_1)W_2(E - E_1)$의 변화율은 0이다. 곧

$$\frac{dW_1 W_2}{dE_1} = 0$$

여기에 간단한 수학 규칙을 적용한다. 곧 X에 대한 YZ의 미분은 'X에 대한 Y의 미분$\times Z + Y \times$ 'X에 대한 Z의 미분'과 같다는 규칙이다. 이를 쓰면

$$W_2 \frac{dW_1}{dE_1} + W_1 \frac{dW_2}{dE_1} = 0$$

을 얻는다. E_2는 $E - E_1$이기에 '$dE_2 = -dE_1$'이다. 이 식은

$$W_2 \frac{dW_1}{dE_1} - W_1 \frac{dW_2}{dE_2} = 0$$

으로 바꿀 수 있다. 각 항에 $W_1 W_2$를 나누어

$$\frac{1}{W_1} \frac{dW_1}{dE_1} - \frac{1}{W_2} \frac{dW_2}{dE_2} = 0$$

을 얻는다. 다시 이 식에 간단한 미분 공식을 적용한다. 곧 'X에 따른 $\ln Y$의 미분'은 'X에 대한 Y의 미분'/Y와 같다는 규칙이다. 이를 적용하면

$$(2) \quad \frac{d \ln W_1}{dE_1} = \frac{d \ln W_2}{dE_2}$$

다. 결국 $W_1(E_1) W_2(E_2)$의 최댓값 지점에서 식 (2)가 만족된다. 아마도 물리계1과 물리계2는 장차 식 (2)를 만족하는 지점에 이른다.

여기서 잠깐 함수 $\ln Y$가 무엇인지 짧게 설명하겠다. 함수 $\ln$은 밑이 e인 로그함수다. 이 함수를 이해하려면 자연상수 e를 이해해야 한다. e는 2.7보다 약간 큰 실수다. 더 정확한 값은

$$e = 1 + \frac{1}{1!} + \frac{1}{2!} + \frac{1}{3!} + \frac{1}{4!} \cdots$$

이다. $(1 + 1/n)^n$에서 n을 무한히 크게 하면 e 값이 나온다. 한편

함수 e^x는 다음과 같이 정의된다.

$$e^x = 1 + \frac{x}{1!} + \frac{x^2}{2!} + \frac{x^3}{3!} + \frac{x^4}{4!} \cdots$$

함수 e^x를 x에 대해 미분하면

$$(e^x)' = 0 + \frac{1}{1!} + \frac{2x}{2!} + \frac{3x^2}{3!} + \frac{4x^3}{4!} \cdots$$

$$= 1 + \frac{x}{1!} + \frac{x^2}{2!} + \frac{x^3}{3!} \cdots = e^x$$

다. 곧 x에 대한 함수 e^x의 미분은 곧 자기 자신이다. 함수 $y = e^x$를 (x, y) 좌표계에 그렸을 때 x 지점에서 그래프의 기울기는 e^x

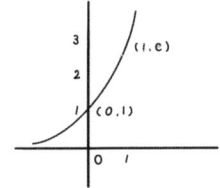

와 같다.

한편 다음 두 식은 똑같은 관계를 다르게 표현한 것이다.

$y = e^x$

$x = \ln y$

만일 $y = \ln x$를 (x, y) 좌표계에 그리면 이 그래프와 함수 $y = e^x$의 그래프는 직선 $y = x$를 기준으로 대칭이다.

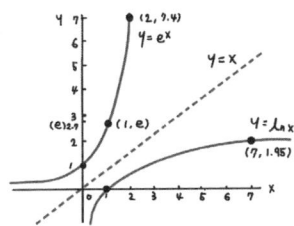

이제 함수 $x = \ln y$를 x에 대해 미분한다고 생각해 보겠다. 왼쪽은 1이다. 오른쪽은

$$\frac{d \ln y}{dx} = \frac{d \ln y}{dy} \frac{dy}{dx}$$

이다. 한편 '$y = e^x$'이기에 dy/dx는 e^x이고 이는 y와 같다. 오른쪽이 1이 되어야 한다는 사실로부터

$$\frac{d \ln y}{dy} = \frac{1}{y}$$

를 얻는다.

다시 물리학으로 돌아가겠다. 물리계의 내부에너지가 높아지면 가능한 미시상태의 수도 늘어난다. 곧 E가 높아지면 W도 커진다. W가 커지면 $\ln W$도 커진다. 따라서 E에 따른

$\ln W$의 변화율은 양수다. 이는 $\ln W$를 E로 미분한 값이 양수임을 뜻한다. 식 (2)의 왼쪽 항과 오른쪽 항은 둘 다 양수다. 열역학에 따르면 물리계1과 물리계2가 열 접촉한 뒤 오랜 시간이 흐르면 이들은 열평형에 이른다. 식 (2)에 따르면 두 물리계는 언젠가 $d \ln W_1/dE_1$과 $d \ln W_2/dE_2$가 같아지는 지점에 이른다. 열 접촉하는 두 물리계가 열평형에 이르면 두 물리계의 내부 에너지, 부피, 압력은 다를 수 있지만 둘의 온도는 같다. 이 때문에 $d \ln W/dE$는 온도와 관계된 양이라 추정된다.

뭇알갱이계에서 온도가 낮을 때는 알갱이들의 평균 에너지가 낮을 때다. 평균 에너지가 낮을 때는 전체 에너지 E가 조금만 높아져도 W와 $\ln W$가 크게 늘어난다. 반면 온도가 높을 때는 알갱이들의 평균 에너지가 높을 때다. 이때는 전체 에너지 E가 조금 높아지더라도 W와 $\ln W$는 별로 늘어나지 않는다. 다시 말해 'E에 따른 $\ln W$의 변화율'은 온도 T에 반비례한다. 매우 어려운 셈이지만 몇몇 가정을 써서

$$(3) \quad \frac{d \ln W}{dE} = \frac{1}{kT}$$

을 증명할 수 있다. 이 때문에 온도 자체를 식 (3)에 따라 정의해도 될 것 같다. 열역학에서 온도는 다른 변수를 고정했을 때 엔트로피에 따른 에너지 변화율이다. 곧 온도 T는 dE/dS와 같

다. 또는

$$(4) \quad \frac{1}{T} = \frac{dS}{dE}$$

보통 내부에너지를 U로 쓰는데 여기서는 E로 썼다. 식 (3)과 (4)로부터

$$(5) \quad S = k \ln W$$

를 얻는다.

오스트리아 물리학자 루트비히 볼츠만[1844-1906]은 처음부터 식 (5)에 따라 엔트로피를 정의한다. 그다음 식 (4)에 따라 엔트로피를 써서 온도를 정의한다. 볼츠만에 따르면 '엔트로피'와 '온도' 개념 가운데 더 바탕이 되는 개념은 '엔트로피'다. 물리계의 온도가 낮다는 것은 그 물리계의 에너지를 늘렸을 때 엔트로피가 많이 늘어난다는 것을 뜻한다. 엔트로피가 많이 늘어난다는 것은 가능한 미시상태들의 수가 많이 늘어난다는 것을 뜻한다. 물리계의 온도가 높다는 것은 그 물리계의 에너지를 늘렸을 때 가능한 미시상태들의 수가 적게 늘어난다는 것을 뜻한다. 차가운 내 손이 뜨거운 것을 만질 때 내 손의 가능한 미시상태들의 수는 많이 늘어난다. 이것은 내 손에 예상치 못한 변화를 일으킬 수 있음을 뜻한다. "앗 뜨거워!"

는 이 변화를 미리 경고하는 몸의 반응이다.

물리계는 한 순간에 한 미시상태에 있다. 하지만 한 물리계가 평형 상태에 이르더라도 그 물리계는 한 미시상태에서 다른 미시상태로 순간순간 바뀐다. 이는 바깥과 열 접촉하지 않는 고립계라도 마찬가지다. 한 물리계가 평형 상태에 이르렀을 때 바뀌지 않는 것은 거시상태다. 한 거시상태에 해당하는 가능한 미시상태들은 아주 많다. 그 수가 바로 W다. 각 거시상태들은 저마다 그에 해당하는 W를 갖는다. 물리계가 한 거시상태에 있다면 그 물리계는 그 거시상태에 해당하는 W개 미시상태들 가운데 하나에 있게 된다. 이 거시상태에서 물리계의 엔트로피는 $k \ln W$로 정의된다. 이처럼 한 물리계의 엔트로피는 그 물리계가 놓인 거시상태에 따라 정해진다. 물리계가 한 거시상태에 머문다면 비록 그 물리계가 한 미시상태에서 다른 미시상태로 왔다 갔다 하더라도 물리계의 엔트로피는 바뀌지 않는다. 이 점에서 엔트로피는 거시상태의 속성이다. 물리계의 한 거시상태가 물리계의 한 속성이라는 점에서 엔트로피는 속성의 속성이다.

클라우지우스는 물리계의 상태마다 그에 맞는 엔트로피 값이 있음을 증명했다. 그는 가역 과정에서 열 흐름과 온도에 따라 엔트로피를 정의했다. 클라우지우스의 1854년 열 엔트로피 정의가 나온 뒤 얼마 되지 않아 볼츠만은 1877년에 그것을 아예 다른 방식으로 정의한다. 그는 거시상태를 처음에 "형상"으로 부른다. 물은 고체 형상을 지닐 수 있고 액체 형상 또는 기체 형상을 지닐 수 있다. 액체 형상에서도 물은 10도씨 액체 형상을 지닐 수 있고 11도씨 액체 형상을 지닐 수 있다. 물의 각 액체 형상은 저마다 엔트로피를 갖는다. 식 (5)에 따라 엔트로피를 정의한 것을 "볼츠만 엔트로피"라 한다. 독일 물리학자 막스 플랑크[1858-1947]는 이 식에 나오는 상수 k를 "볼츠만 상수"라 했다. 볼츠만 엔트로피는 '통계 엔트로피'의 한 보기다. 식 (1)과 식 (5)에 따라 전체 물리계의 엔트로피를 셈하면

$$S = k\ln W_1 W_2 = k\ln W_1 + k\ln W_2 = S_1 + S_2$$

다. 이처럼 식 (5)에 따라 엔트로피를 정의하면 엔트로피가 '크기 물리량'임이 잘 드러난다.

물리학자들은 볼츠만 엔트로피를 '뒤섞임 정도', '흩어짐 정도', '퍼짐의 정도', '고름의 정도', '무질서 정도', '못되짚기 정도'로 이해한다. 이후 엔트로피는 차츰 '불확실성 정도', '무지 정도', '정보 부족 정도', '잃어버린 정보량', '필요한 정보량', '정보 저장 여유' 따위로 확장된다. 물리학자 장회익은 엔트로

피를 '상태의 짜임새' 또는 '형상의 짜임새'와 관련짓는다. 한 거시상태의 짜임새가 정교할수록 그 상태에 맞는 가능한 미시상태들의 수가 적다. 또한 그 짜임새가 엉성할수록 그 상태에 맞는 가능한 미시상태들의 수는 많다. 따라서 한 거시상태의 짜임새가 정교할수록 그 상태에서 엔트로피가 낮고 그 짜임새가 엉성할수록 그 상태에서 엔트로피가 높다.

이상기체는 상호작용하지 않는 알갱이들로 이뤄진다. 이 경우 내부에너지는 알갱이들의 운동에너지를 모두 더한 것과 같다. 기체의 온도는 평균 운동에너지에 따라 결정된다. 따라서 만일 평균 운동에너지가 바뀌면 온도도 바뀐다. 이 때문에 이상기체의 등온팽창은 평균 운동에너지가 바뀌지 않은 채 팽창하는 과정이다. 기체가 처음 부피 V_0에서 부피 V로 바뀌는 등온팽창 과정에서 엔트로피 변화를 대략 셈하고 싶다. 알갱이들의 속도 분포는 바뀌지 않는다고 가정하고 오직 알갱이들의 위치에 따라 미시상태가 차별화된다고 가정한다. 전체 공간 V를 d만큼의 공간으로 잘게 쪼개면 V/d개만큼 작은 공간들이 생긴다. 만일 한 알갱이가 차지하는 기본 공간이 d면 미시상태의 수는 V/d에 비례한다. 나아가 각 알갱이가 각 미시상태에 겹쳐 있을 수 있다고 가정한다. 극단의 경우 기본 공간 d 안에 알갱이 N개가 한꺼번에 들어갈 수 있다. 이 경우

N개 알갱이가 가질 수 있는 미시상태의 수는 V/d를 N번 곱한 것에 비례한다. 결국 N개 알갱이가 부피 V를 채우는 미시상태의 가능한 개수는 $a(V/d)^N$이다. 여기서 a는 모종의 비례 상수다. 따라서 등온팽창 과정에서 엔트로피 변화는

$$\Delta S = S - S_0$$

$$= k\ln W - k\ln W_0 = k\ln \frac{W}{W_0}$$

$$= k\ln \frac{V^N}{V_0^N} = kN\ln \frac{V}{V_0}$$

다. 부피가 2배 늘어났다면 엔트로피 변화는 kNln2다. 따라서 알갱이 하나당 엔트로피 변화는 $k$ln2다.

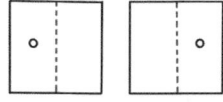

왼쪽 그림에 따르면 상자 안에 알갱이가 하나가 왼쪽에 있다. 오른쪽 그림에 따르면 상자 안에 알갱이가 하나가 오른쪽에 있다. 가운데 벽을 없애면 우리는 그 알갱이가 왼쪽에 있는지 오른쪽에 있는지 모른다.

이 경우 늘어난 엔트로피는 $k\ln 2$다. 이를 알갱이 N개에 적용하면 $kN\ln 2$만큼 엔트로피가 늘어난다.

아주 많은 개별 알갱이들의 통계 거동을 계산함으로써 열역학 현상을 기술하고 설명 및 예측하는 이론을 "통계역학"이라 한다. 낱말 "통계역학"은 미국 물리학자 조시아 윌라드 깁스$^{1839-1903}$가 1884년에 처음 썼다. 통계역학을 만들고 가다듬은 주요 인물은 맥스웰, 볼츠만, 깁스다. 이들 이전에 그 가능성을 선보인 이는 다니엘 베르누이다. 그는 1738년 『유체역학』에서 기체를 운동하는 알갱이의 모임으로 여기고 압력과 열을 이들 운동의 결과로 기술했다. 1859년에 맥스웰은 기체의 확산을 기술하려고 알갱이들의 속도 분포를 추정했고 알갱이들의 부딪힘이 결국 열평형에 이르게 함을 보였다. 볼츠만은 맥스웰의 이 연구를 1864년에 알게 된 다음 평생 통계역학의 바탕을 다졌다. 그는 1877년 엔트로피를 미시상태의 가능한 수로 정의했다.

볼츠만의 통계역학은 원자 알갱이나 분자 알갱이 같은 미시 물질 구조를 가정했는데 이 가정 자체가 비판의 불씨가 되어 그를 외롭게 했다. 반면 깁스는 널리 받아들여진 일반 원리와 경험 사실에 바탕을 두고 통계역학을 세우려 했다. 그는 이를 1902년 『특별히 열역학의 합리 기초를 참조하여 전개

한 통계역학의 기본 원리』에 담았다. 여기서 그는 '앙상블' 개념을 써서 통계역학의 확률 방법을 체계화했는데 그는 이 개념을 이미 1878년쯤 도입했다. 오늘날 그의 이 방법은 양자역학에도 확대 적용할 수 있다. '앙상블'은 거시 조건을 만족하는 비슷한 물리계들의 가상 집합인데 확률이론에서는 이 집합을 "확률 공간"이라 한다. 깁스는 물리계를 뭇알갱이계로 여기지 않은 채 통계역학을 짜고 싶어 앙상블 개념을 갖고 온 것 같다.

열역학은 대체로 평형 상태의 물리계를 다루며 비평형 상태를 다루는 데는 어울리지 않는다. 통계역학은 물리계의 평형 상태뿐만 아니라 비평형 상태를 다룰 수 있는 확장성을 지녔다. 통계역학이 주로 다루는 물질 대상은 뭇알갱이계나 응집물질이다. 통계역학은 이들 물질의 상태와 그 변화를 기술하고 예측하는 방법 가운데 하나다. 통계역학의 방법은 물질이 갖는 미시상태의 확률 분포로부터 물질의 거시상태를 기술·설명·추론·예측하는 방법이다. 물론 학문으로서 물리학 자체는 주어진 정보로부터 다른 정보를 추론하는 이론 체계다. 물리학 이론들 가운데 특별히 통계역학은 방법의 측면과 인식이론의 측면이 두드러진다. 특히 '거시'와 '미시'의 구별 자체가 사람의 인식 한계에 따른 구별이다. 바로 이 때문에 통계역학은 정보를 자신의 탐구 주제로 끌어안는다. 하지만 내 생각에 뭇알갱이계나 응집물질 같은 통계역학의 대상 자체가 "정보를 갖는다"고 말하는 일은 오해를 불러일으킨다.

다음 절로 가기 전에 식 (3)을 짧게 증명하려 한다. 먼저 엔트로피가 미시상태들의 수 W만의 함수라고 가정한다. 곧 $S = S(W)$. 이제 내부에너지 E를 미시상태들의 수 W와 부피 V의 함수로 여긴다. 곧 $E = E(W, V)$. 내부에너지 E를 완전 미분하여

$$(6) \quad dE = \left(\frac{\partial E}{\partial W}\right)_V dW + \left(\frac{\partial E}{\partial V}\right)_W dV$$

를 얻는다. 제4장에서 배운 바에 따르면 엔트로피를 고정한 채 부피에 따른 내부에너지 변화율은 $-P$와 같다. 곧 $(\partial E/\partial V)_S = -P$. 미시상태들의 수 W를 고정하면 엔트로피 S도 고정되기에

$$\left(\frac{\partial E}{\partial V}\right)_W = -P$$

가 성립한다. 한편

$$\left(\frac{\partial E}{\partial W}\right)_V dW = \left(\frac{\partial E}{\partial \ln W}\right)_V d\ln W$$

이다. 여기서

$$(7) \left(\frac{\partial E}{\partial \ln W}\right)_V \equiv a$$

와 같이 정의한다.

지금까지 구한 것과 a의 정의를 식 (6)에 넣어

$$dE = a\,d\ln W - P\,dV$$

를 얻는다. 한편 열역학 제1법칙에 따르면 $dE = TdS - PdV$이기에

$$(8)\ dS = \frac{a}{T}\,d\ln W$$

가 성립한다. 엔트로피 S는 W에만 의존한다고 가정했기에 a/T는 상수여야 한다. 이 상수를 k로 쓰면 $a = kT$. 이를 식 (8)에 넣어 $dS = k\,d\ln W = d\,k\ln W$를 얻는다. 곧 $S = k\ln W$. 마침내 식 (7)로부터

$$(3)\ \left(\frac{\partial \ln W}{\partial E}\right)_V = \frac{1}{kT}$$

을 얻는다.

0503. 깁스 엔트로피

N개 알갱이를 일렬로 나열하는 방법의 전체 개수를 셈하려 한다. 먼저 이들 알갱이에 고유번호를 매길 텐데 각 알갱이는 1부터 N까지 한 번호를 갖는다. 일렬 나열의 첫째 자리에 1번 알갱이부터 N번 알갱이까지 아무 하나가 올 수 있다. 이 방법은 모두 N가지다. 둘째 자리에 올 수 있는 알갱이는 나머지 $N-1$개 알갱이들 가운데 아무 하나다. 이 방법은 모두 $N-1$가지다. 마지막 N째 자리에 올 수 있는 알갱이는 마지막에 남은 1개다. 각 경우의 수를 모두 곱하면 전체 경우의 수가 나온다. 이는 $N(N-1)(N-2)\cdots 2\cdot 1$인데 이를 짧게 $N!$이라 쓰고 "계승" 또는 "팩토리얼"이라 한다. 참고로 $1!$과 $0!$은 둘 다 1이다. 아무튼 N개 알갱이를 일렬로 나열하는 방법의 전체 개수는 $N!$이다. 우리가 각 알갱이를 분간하지 못하더라도 각 알갱이가 다른 개체면 여하튼 $N!$가지 나열 방법이 있다.

알갱이 N개를 두 상자에 나눠 담겠다. 상자1에 M개 알갱이를 담고 상자2에 알갱이 $N-M$개를 담는다. 일렬로 나열된 알갱이들에서 첫째 자리부터 M째 자리까지 알갱이를 모두 상자1에 담고 나머지를 상자2에 담는다. 각 상자 안에서는 각 알갱이의 순서를 따지지 않는다. 이는 각 상자 안에서 벌어지는 다양성을 단순한 중복으로 여겨야 함을 뜻한다. 첫째 자리부터 M째 자리까지 알갱이들은 모두 $M!$만큼의 다양성이 있다. 이들 다양성 모두는 이들이 상자1에 들어간다는 점에서 한 경우로 여겨야 한다. 마찬가지로 $M+1$째 자리부터 N째 자리까지 알갱이들은 모두 $(N-M)!$만큼의 다양성이 있다. 이들 다양성 모두는 이들이 상자2에 들어간다는 점에서 한 경우로 여겨야 한다. 결국 전체 $N!$의 방법들 가운데 $M!$의 중복과 $(N-M)!$의 중복이 있다. 따라서 N개 알갱이를 상자1에 M개를 담고 상자2에 나머지 $N-M$개를 담는 방법의 전체 수는 $N!/M!(N-M)!$이다. $N!/M!(N-M)!$을 다르게 이해할 수 있다. N개 알갱이들 가운데서 M개를 뽑는 방법의 개수는 $N(N-1)\cdots(N-M+1)$이다. 이는 $N!/(N-M)!$과 같다. 뽑힌 이들 M개 알갱이의 순서를 따지지 않아야 하니 이 수에서 중복된 $M!$을 나눠 결국 $N!/M!(N-M)!$이 나온다.

이를 일반화하여 N개 알갱이를 J개의 상자1, 상자2, $\cdots$, 상자j, $\cdots$, 상자J에 각각 n_1개, n_2개, $\cdots$, n_j개, $\cdots$, n_J개만큼 넣는 방법의 전체 수를 셈할 수 있다.

(1) $W(n_1, n_2, \cdots, n_j, \cdots, n_J) = \dfrac{N!}{n_1!\, n_2! \cdots n_j! \cdots n_J!}$

이 수는 N개 알갱이를 n_1개, n_2개, $\cdots$, n_j개, $\cdots$, n_J개로 나눠 J개의 열로 나열하는 방법의 개수다. 기체를 이루는 알갱이 수는 보통 10^{23}개 정도다. 이 때문에 여기 나오는 $n_1, n_2, \cdots, n_j, \cdots, n_J$ 따위는 매우 큰 수다. 큰 수에서 $n!$은 $n^n e^{-n}$과 거의 비슷하다. 이를 자연로그로 표현하면

$$\ln n! \approx \ln n^n e^{-n} = n \ln n - n$$

이다.

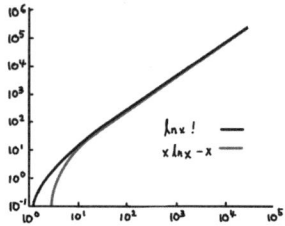

이를 "스털링 어림" 또는 "스털링 근사"라 한다. n이 1000이 넘을 때 근사의 오차는 0.1% 아래로 떨어지고 n이 클수록 그 오차는 더 줄어든다. n이 10^{23} 정도면 오차는 지극히 작다.

스털링 어림을 써서 식 (1)에 나오는 W의 자연로그를 구하면

$$(2) \ln W(n_1, n_2, \cdots, n_j, \cdots, n_J) \approx M \text{n} N - N - \sum^{J} (n_j \ln n_j - n_j)$$

이다. 한편 특정 $(n_1, n_2, \cdots, n_j, \cdots, n_J)$ 값에서 W는 최댓값을 갖는다. 1에서 J까지 n_j를 모두 더하면 N이다. 곧 $\sum n_j =$

N. 이를 반영해

$$N\ln N - \sum^J n_j \ln n_j = \left(\sum^J n_j\right)(\ln N) - \sum^J (n_j \ln n_j)$$

를 얻는다. 나아가

$$\left(\sum^J n_j\right)(\ln N) - \sum^J (n_j \ln n_j) = \sum^J n_j(\ln N - \ln n_j) = -\sum^J n_j \ln \frac{n_j}{N}$$

다. 마침내 식 (2)는

$$\ln W \approx -\sum^J n_j \ln \frac{n_j}{N} = -N \sum^J \frac{n_j}{N} \ln \frac{n_j}{N}$$

로 바뀐다. 전체 알갱이들 가운데 상자 j에 들어간 알갱이들의 상대 빈도 n_j/N는 아무 한 알갱이가 상자 j에 들어갈 확률로 이해할 수 있다. 이 상대 빈도 n_j/N를 p_j로 쓰겠다.

알갱이 하나는 상태1에서 상태 J까지 여러 상태 가운데 한 상태에 있다. 상자 j를 상태 j로 이해하고 p_j를 아무 알갱이가 상태 j에 있을 확률로 이해하겠다. N개 알갱이로 이뤄진 뭇알갱이계의 상태 $(n_1, n_2, \cdots, n_j, \cdots, n_J)$는 n_1개 알갱이들이 상태1에 있고, n_2개 알갱이들이 상태2에 있는 등등의 상태다. 뭇알갱이계의 상태 $(n_1, n_2, \cdots, n_j, \cdots, n_J)$에 해당하는 아주 많은 미시상태들이 있다. 한 상태에 해당하는 미시상태들이 둘 이상일 때 그 상태를 "겹친 상태"라 하겠다. 거시상태는 매우 많은 미시상태들이 겹친 상태다. 겹친 상태 $(n_1, n_2, \cdots, n_j, \cdots, n_J)$는 W개만큼 미시상태들이 겹쳐 있는데 W는 식 (1)처럼 주어진다. 물리계가 이 상태에 있을 때 이 물리계의 볼츠만 엔트로피 S_B는

$$S_B = k\ln W \approx -kN\sum^{J} \frac{n_j}{N} \ln \frac{n_j}{N} = -kN \sum^{J} p_j \ln p_j$$

다. 여기서 J는 개별 알갱이가 가질 수 있는 상태들의 수다. 이렇게 얻은 볼츠만 엔트로피를 N으로 나누어 알갱이 하나 당 엔트로피를 정의한다.

$$(3)\ S_N = \frac{S_B}{N} = -k\sum^{J} p_j \ln p_j$$

이 엔트로피는 각 알갱이가 J개 상태들 가운데 어느 하나에 있을 확률만 알려졌을 뿐 그것이 정확히 어느 상대에 있는지 모를 때 알갱이 하나 당 엔트로피다.

깁스는 알갱이들의 모임 대신에 물리계들의 가상 모임 '앙상블'을 고려한다. 앙상블 안 각 물리계는 상태1에서 상태J까지 한 상태를 갖는다. 여기서 J는 물리계 안 한 알갱이가 갖는 상태들의 수가 아니라 앙상블 안 한 물리계가 갖는 상태들의 수다. 앙상블 안 각 물리계는 다른 물리계나 외부 환경과 열 접촉하는데 이 때문에 한 상태에서 다른 상태로 바뀔 수 있

다. 깁스에게 p_j는 물리계 안 아무 알갱이가 상태 j에 있을 확률이 아니라 앙상블 안 아무 물리계가 상태 j에 있을 확률이다. p_j를 이렇게 이해하고 새로 정의한 엔트로피

(4) $S_G = -k \sum_{}^{J} p_j \ln p_j$

는 앙상블 안 물리계 하나 당 엔트로피다. 이렇게 이해된 엔트로피를 "깁스 엔트로피"라 한다. 깁스 엔트로피에서 J는 앙상블 안 한 물리계가 갖는 상태들의 수다. 한 물리계가 가질 수 있는 미시상태들의 수를 W라 하면 앙상블 안 한 물리계가 갖는 상태들의 수 J는 최대 W다. 곧 $J = W$.

볼츠만 엔트로피든 깁스 엔트로피든 이것들은 물리계의 확률 정보나 통계 정보를 바탕으로 엔트로피를 정의한다. 물리계의 통계 정보를 써서 정의된 엔트로피를 "통계 엔트로피"라 할 수 있겠다. 미국의 컴퓨터과학자 클로드 엘우드 섀넌[1916-2001]은 물리학 연구를 거치지 않은 채 1948년 논문 「통신의 수학 이론」에서 식 (4)를 얻었다. 정보과학에서는 식 (4)로 표현된 엔트로피를 "섀넌 엔트로피" 또는 "정보 엔트로피"라 한다. 다만 정보 엔트로피에서 p_j는 실제 물리 상태의 확률이 아니어도 좋다. 미국 물리학자 에드윈 톰슨 제인스[1922-1998]의 1957년 논문 「정보이론과 통계역학」에 따르면 볼츠만 엔트

로피와 깁스 엔트로피는 다양한 유형의 정보 엔트로피들 가운데 하나다. 굳이 물리 상태들의 분포가 아니더라도 확률 분포가 있다면 거기서 정보 엔트로피를 정의할 수 있다. 이 점에서 정보 엔트로피는 가장 일반화된 엔트로피다. 볼츠만과 깁스의 통계 엔트로피는 실제 물리 상태에 정보 엔트로피를 적용할 때 정의되는 물리량이다. 식 (4)의 확률 p_j가 물리 사건이 아닌 것들의 확률이면 정보 엔트로피는 물리량이 아니다. 예컨대 뜻을 나누는 의사소통에서 주로 다루는 확률은 메시지의 믿음직함이다. 메시지의 믿음직함은 메시지의 내용을 파악하지 않고서는 가늠할 수 없다. 이 때문에 메시지의 의사소통에서 정보 엔트로피는 물리 측정만으로는 접근되지 않는다.

식 (1)의 W는 언제 최대가 되는가? J가 2면 W는 $N!/M!(N-M)!$이다. N이 짝수면 두 방에 똑같은 개수의 알갱이가 들어갈 때 $N!/M!(N-M)!$은 최대화된다. 예컨대 N이 10이면 $N!/M!(N-M)!$의 최댓값은 $10!/5!5!$이다. 이는 두 방에 5개씩 알갱이를 분배하는 때며 p_j가 1/2인 때다. N이 10이고 J가 10이면 W의 최댓값은 $10!/1!1!1!1!1!1!1!1!1!1!$ 곧 $10!$이다. 이는 각 방에 알갱이 하나가 들어가는 경우며 p_j가 1/10인 경우다. 이를 일반화하여 p_j가 상태j에 관계없이 똑같을 때 식 (3)과 식 (4)의 엔트로피는 최대화된다. 곧 p_j가 $1/J$인 경우 깁스 엔트로피는 최대화된다. 물론 깁스 엔트로피에서 J는 앙상블 안 한 물리계가 갖는 상태들의 수다. 한 물리계의 가능한 미시상태들의 수가 W면 p_j가 $1/W$인 경우 깁스 엔트로피는 최대화된다.

볼츠만에게 물리계는 아주 많은 알갱이로 이뤄졌다. 깁스는 물리계가 아주 많은 알갱이로 이뤄졌음을 받아들이지 않은 채 통계역학을 정식화하고 싶었다. 알갱이 N개를 생각하지 말고 깁스를 따라 저마다 한 상태를 갖는 물리계 N개의 앙상블을 생각한다. 이들 물리계는 J개 상태들 가운데 한 상태에 있다. 물론 이 앙상블 안에는 똑같은 상태를 갖는 물리계들이 있을 수 있다. 식 (4)에서 p_j는 물리계 N개의 앙상블 안에 아무 물리계가 상태 j에 있을 확률이다. 말했듯이 p_j들이 모두 똑같을 때 깁스 엔트로피는 최댓값을 갖는다. 만일 각 물리계가 W가지 미시상태를 가질 수 있고 우리가 이들 미시상태를 고려한다면 J는 W다. 이 경우 p_j들이 모두 똑같다는 것은 상태 j에 상관 없이 p_j가 똑같이 $1/W$임을 뜻한다. 따라서 한 물리계가 각 미시상태에 있을 확률이 모두 똑같이 $1/W$일 때 깁스 엔트로피는 최대화된다. 이 물리계의 깁스 엔트로피 최댓값은

$$S = -k \sum^{W} \frac{1}{W} \ln \frac{1}{W} = k \ln W$$

다. 이는 엔트로피의 볼츠만 표현이다. 이처럼 우리가 p_j가 무엇인지 아예 모른 채 깁스 엔트로피를 최대화하여 얻은 엔트로피 값은 볼츠만 엔트로피와 같다.

우리는 여러 미시상태들을 묶어 J개의 상태들을 고려함으로써 거칠게 엔트로피를 셈할 수 있다. 이를 "거칠게 갈기" 또는 "거친 낟알 만들기"라 한다. 여기서 "낟알"은 "낱알"과 다른데 '껍질을 벗긴 알갱이'를 뜻한다. 낟알을 거칠게 또는 굵게 갈 수 있고 낟알을 가늘게 또는 자잘하게 갈 수 있다. 본디 W개의 미시상태를 J개의 상태들로 거칠게 갈았을 때의 엔트로피를 셈하려 한다. 물리계가 각 미시상태에 있을 확률이 같다고 가정한다. 상태 j에 해당하는 가능한 미시상태들이 W_j개면 $p_j = W_j/W$가 성립한다. 깁스 엔트로피는

$$S_G = -k\sum_{}^{J} p_j \ln p_j = -k\sum_{}^{J} \frac{W_j}{W} \ln \frac{W_j}{W}$$

다. 오른쪽 항을 셈하면

$$-k\sum_{}^{J} \frac{W_j}{W} \ln \frac{W_j}{W} = -k\sum_{}^{J} \frac{W_j}{W} \ln W_j + k\sum_{}^{J} \frac{W_j}{W} \ln W$$

이다. 오른쪽 둘째 항은 $k\ln W$와 같은데 이는 물리계의 볼츠만 엔트로피다. 오른쪽 첫째 항

$$-k\sum_{}^{J} \frac{W_j}{W} \ln W_j = -k\sum_{}^{J} p_j \ln W_j$$

인데 이는 $-k\ln W_j$의 평균값이다. 이를 $-\langle S_j \rangle$로 쓰겠다. 결국 우리는 $S_G = -\langle S_j \rangle + S_B$를 얻는다. 따라서 볼츠만 엔트로피 S_B와 깁스 엔트로피 S_G 사이에 다음이 성립한다.

$$S_B = S_G + \langle S_j \rangle$$

만일 J개의 겹친 상태들이 모두 똑같이 W/J개의 미시상태들로 겹쳐 있다면 $\langle S_j \rangle$는 $k\ln W/J$다. 이 경우 S_G는 매우 싱겁게도 $k\ln J$다.

0504. 바른틀 앙상블

물리학은 보존되는 물리량을 중심으로 사물을 기술한다. 운동량은 위치 이동에 따라 보존되는 물리량이고 각운동량은 방향 전환에 따라 보존되는 물리량이다. 반면 에너지는 시간 흐름에 따라 보존되는 물리량이다. 이 점에서 보존되는 물리량 가운데 가장 중요한 것은 에너지다. 이는 열역학과 통계역학에서도 마찬가지다. 우리는 물리계의 에너지를 고려하여 거시상태와 미시상태를 따져야 한다. 깁스 엔트로피 표현에서 p_j가 실제 물리계의 상태를 기술하는 값이 되려면 물리계의 에너지 상태를 특별히 고려해야 한다. 우리는 최대 엔트로피의 조건을 찾을 때 한 알갱이가 가질 수 있는 에너지 값들의 목록을 묻지도 따지지도 않았다. 서로 다른 에너지 값들을 "에너지 준위"라 하고 이들 에너지 준위의 목록을 "에너지 스펙트럼"이라 한다. 에너지 스펙트럼이 추가 정보로 주어지면 거시상태든 미시상태든 각 상태 j의 p_j들이 모두 똑같지는 않다. 우리는 이를 고려해 엔트로피를 제대로 셈해야 한다.

    기체의 알갱이 수가 N이고 전체 에너지가 E인 물리계를 생각한다. 각 알갱이는 에너지 스펙트럼 $E_1, E_2, \cdots, E_j, \cdots, E_J$를 갖는다. 이제 '같은 상자에 들어감'은 '똑같은 에너지 준위에 있음'을 뜻하고 '상자 j에 들어가는 알갱이임'은 '에너지 준위 E_j에 있는 알갱이임'을 뜻한다. 상자 j에 n_j개 알갱이가 있다면 상자 j의 부분 에너지는 $n_j E_j$다. 기체의 전체 에너지는 각 상자의 부분 에너지를 모두 더한 것과 같다. 전체 에너지 E는 보존되기에 n_j들은 다음 조건을 만족한다.

(1) $E = \sum\limits_{}^{J} n_j E_j$

당연히 1에서 J까지 n_j를 모두 더한 값 $\sum n_j$는 N이다. 이들 조건을 만족하면서 엔트로피

$$S = k \ln W \approx -kN \sum\limits_{}^{J} \frac{n_j}{N} \ln \frac{n_j}{N} = -kN \sum\limits_{}^{J} p_j \ln p_j$$

가 최대가 되는 n_j 값들을 구한다.

"라그랑주 미정승수법", "라그랑주 미정계수법", "라그랑주 승수법"으로 불리는 전문 수학 계산법이 있다. 이 계산법의 원리를 여기서 알 필요는 없다. 다만 이 계산법에 따라 그 n_j 값을 찾으면

$$n_j = ae^{-bE_j} = aZ_j$$

이다. 여기서 Z_j는 다음과 같이 정의된다.

$$Z_j = e^{-bE_j}$$

참고로 지수함수 e^{-x}는 $1/e^x$를 뜻한다. 상수 a와 b는 양수며 장차 추가 조건을 거쳐 구해야 한다. 예컨대 이상기체에서 성립하는 "$E = 3NkT/2$"를 써서 b가 $1/kT$임을 보일 수 있다. 뭇알갱이계의 경우 p_j는 n_j/N와 같기에 p_j는 결국 Z_j에 비례할 것이다. 비례 상수 Z를 써서

(2) $p_j = \dfrac{n_j}{N} = \dfrac{e^{-bEj}}{Z} = \dfrac{Z_j}{Z}$

다. 비례 상수 Z를 보통 "분배 함수"라 한다. 1에서 J까지 p_j를 모두 더하면 1이 되어야 하기에

$$Z = \sum_{}^{J} Z_j = \sum_{}^{J} e^{-bEj}$$

여야 한다.

Z_j에 나오는 자연상수 e는 2.7보다 조금 더 큰 실수이고 b는 양수다. 이 때문에 E_j가 클수록 Z_j는 작다. 따라서 식 (2)에 따르면 에너지 E_j가 클수록 p_j는 줄어든다. 왜 p_j가 모든 에너지 준위에서 똑같지는 않은가? 그것은 조건 (1)이 새로 추가되었기 때문이다. 만일 J개 상태들이 모두 똑같은 에너지 상태를 표현하고 우리가 p_j를 가늠할 길이 없다면 p_j들이 서로 다르리라 추측할 까닭은 거의 없다. 하지만 개별 알갱이가 갖는 에너지 스펙트럼 E_j들이 추가로 알려지면 식 (1)을 만족하도록

n_j들을 재조정해야 한다. E_j 값이 클수록 E_j가 전체 에너지에서 차지하는 역할은 크다. 이것은 각 에너지 상태의 역할이 똑같지 않음을 말한다. 어떤 에너지 상태는 사소한 역할을 하고 어떤 상태는 중대한 역할을 한다. 이 때문에 p_j는 각 에너지 준위 E_j에서 다른 값을 갖는다.

식 (2)에서 p_j는 한 물리계를 이루는 전체 알갱이들 가운데서 에너지 준위 E_j에 있는 알갱이들이 차지하는 비중 n_j/N다. 우리가 p_j를 앙상블 안에서 내부에너지 E_j를 갖는 물리계들이 차지하는 비중으로 해석하려면 식 (2)를 다른 방식으로 유도해야 한다. 다른 방식으로 유도하려고 애초 고립계였던 물리계를 두 부분으로 나눈다. 한 부분은 에너지 E_j를 갖는 아주 작은 물리계 A다. 다른 부분은 물리계 B인데 전체 물리계에서 물리계 A를 뺀 나머지 부분이다. 물리계 A와 물리계 B는 열 접촉한다. 물리계 A는 내부에너지 E_A를 갖고 물리계 B는 내부에너지 E_B를 갖는데 전체 물리계의 전체 내부에너지 F는 $E_A + E_B$다. 두 물리계가 열 접촉하더라도 전체 물리계는 고립계기에 전체 내부에너지는 보존된다. 다만 물리계 A와 B가 평형에 이를 때까지 E_A와 E_B는 조금씩 바뀐다. 두 물리계가 평형에 이르면 각각 특정 에너지 값 E_A와 E_B를 갖는다.

전체 물리계가 평형에 이르렀을 때는 $W_A(E_A)W_B(E_B)$가 최댓값일 때다. 여기서 $W_A(E_A)$는 물리계 A의 내부에너지가 E_A일 때 물리계 A가 갖는 미시상태의 가능한 개수다. $W_B(E_B)$는 물리계 B의 내부에너지가 E_B일 때 물리계 B가 갖는 미시상태의 가능한 개수다. 앞에서 보였듯이 $W_A(E_A)W_B(E_B)$가 최댓값일 때

$$\frac{d \ln W_A}{d E_A} = \frac{d \ln W_B}{d E_B}$$

가 성립한다. 새로운 물리량 b를

$$(3) \quad b = \frac{d \ln W}{dE}$$

와 같이 정의한다. E에 따른 $\ln W$의 변화율은 양수이기에 식 (3)의 b도 양수다. 물리계 A의 b는 $d \ln W_A / dE_A$이고 물리계 B의 b는 $d \ln W_B / dE_B$다. 물리계 A와 B가 열 접촉한 뒤 열평형에 이르면 물리계 A의 b와 물리계 B의 b는 같다.

우리는 물리계 A에 견줄 때 물리계 B가 아주 크다고 가정했다. 이 경우 물리계 B는 열저장조로 여길 수 있는데 이 열저장조의 온도를 T로 고정한다. 한 알갱이의 에너지 준위 E_j와 헷갈리지 말라는 뜻으로 아주 작은 물리계 A의 에너지 값을 E_r로 쓴다. 물리계 A의 에너지는 E_r이고 이 경우 물리계 B의 에너지는 $F-E_r$이다. 물리계 A는 매우 작기에 E_r은 F에 견

주어 지극히 작다. 이 때문에 물리계 A가 에너지 E_r에 있을 때 이에 해당하는 미시상태의 가능한 개수는 그다지 크지 않다. 물리계 A가 에너지 E_r에 있는 미시상태의 가능한 개수를 한 개로 가정해도 된다. 이 경우 전체 에너지가 F고 물리계 A의 에너지가 E_r일 확률은 물리계 B의 에너지가 $F-E_r$일 확률에 달려 있다. 이 확률은 미시상태의 수 $W_B(F-E_r)$에 비례한다.

이제 $\ln W_B(F-E_r)$을 어림으로 셈하려 한다. 함수 Y가 무엇이든 X에서 Δ만큼 아주 조금 벗어난 $X-\Delta$에서 함수 Y값은 대략

$$Y(X-\Delta) \approx Y(X) - Y'\Delta$$

이다. 여기서 Y'는 X에 따른 Y의 변화율을 X지점에서 구한 값이다. 매우 작은 값 E_r이 고정된다면 $dE_B = dF$다. 이 때문에 특정 F지점에서 $d\ln W_B/dE_B$와 $d\ln W_B/dF$는 같다. 식 (3)에 따르면 $d\ln W_B/dE_B$는 b이기에 $d\ln W_B/dF$도 b다. 결국 E_r이 F에 견주어 지극히 작다면 $\ln W_B(F-E_r)$의 근삿값은

$$\ln W_B(F-E_r) \approx \ln W_B(F) - E_r \frac{d\ln W_B}{dF} = \ln W_B(F) - bE_r$$

이다. 여기서 자연로그를 없애

$$W_B(F-E_r) = W_B(F)e^{-bE_r} = W_B(F)Z_r$$

을 얻는다. 전체 내부에너지 F가 고정되었다면 $W_B(F)$도 고정된다. 몇몇 가정을 써서 '$b = 1/kT$'임을 증명할 수 있기에 이제부터 b 대신에 $1/kT$를 쓰겠다. 온도 T는 물리계 B의 온도며 물리계 B는 열저장조 역할 또는 외부 환경 역할을 한다. 결국 Z_r은 다음과 같이 표현할 수 있다.

$$Z_r = e^{-E_r/kT}$$

물리계 B의 에너지가 $F-E_r$일 확률이 $W_B(F-E_r)$에 비례한다면 이 확률은 Z_r에 비례한다. 나아가 아주 큰 물리계 B와 열 접촉하는 작은 물리계 A의 에너지가 E_r일 확률도 Z_r에 비례한다.

모종의 비례 상수 $1/Z$을 써서 마침내

$$(4)\ p(E_r) = \frac{e^{-E_r/kT}}{Z}$$

을 얻는다. 대체로 에너지 준위의 개수는 무한할 수 있으니 r과 E_r은 무한히 큰 값일 수 있다. 하지만 실제 상황에서 전체 물리계의 내부에너지 F보다 훨씬 작은 값으로 가정된다. 식 (4)의 확률은 아주 작은 물리계 A가 온도 T를 갖는 매우 큰 물리계 B와 열 접촉할 때 물리계 A가 에너지 E_r일 확률이다. 달리 말해 한 물리계가 열 저장조 역할을 하는 바깥 환경과 열 접촉할 때 그 물리계의 에너지가 E_r일 확률이다. 에너지 E_r이 작을수록 Z_r은 더 크기에 E_r이 작을수록 $p(E_r)$은 더 크다. 물리계 A가 특정 에너지를 가질 확률이 에너지 크기에 따라 다른 까닭은 물리계 A가 다른 물리계 B와 열 접촉하기 때문이다. 물리계 A의 에너지 E_r이 작을수록 물리계 B의 에너지 $F-E_r$은 크다. 물리계 B가 갖는 미시상태의 가능한 수 $W_B(F-E_r)$은 물리계 B의 에너지 $F-E_r$에 비례한다. 이 때문에 물리계 A의 에너지가 줄면 물리계 B가 갖는 미시상태의 가능한 수는 현격히 늘어난다. 이로써 W_A와 W_B의 곱이 현격히 늘어난다. 이 때문에 물리계 A의 에너지 E_r이 작을수록 $p(E_r)$이 오히려 더 크다.

볼츠만 엔트로피에서 W는 물리계가 가질 수 있는 미시상태들의 개수다. 이들 미시상태는 모두 똑같은 에너지 상태다. 볼츠만 엔트로피를 셈할 때 고려하는 물리계는 대체로 고립계다. 이를 셈할 때 물리계를 이루는 알갱이 수, 그 물리계의 전체 에너지, 부피를 고정한다. 이들 물리계의 앙상블을 보통 "작은바른틀 앙상블"이라 한다. 반면 '바른틀 앙상블'은 바깥 환경이나 다른 물리계와 열 접촉하는 물리계들의 앙상블이다. 이 앙상블 안의 물리계는 내부에너지가 고정되지 않는다. 이 앙상블에 속하는 물리계들의 평균 엔트로피를 "바른틀 엔트로피"라 한다. 바른틀 앙상블에서 p_r을 구하여 이를 깁스 엔트로피

$$S_G = -k\sum_{r}^{J} p_r \ln p_r$$

에 넣으면 바른틀 엔트로피를 얻을 수 있다. 한편 온도 T를 갖는 바깥 환경과 열 접촉하는 물리계는 그 에너지가 식 (4)처럼 분포될 때 깁스 엔트로피가 최대화된다. 달리 말해 식 (4)의 $p(E_r)$은 바른틀 앙상블 안 물리계 하나 당 엔트로피를 최대화하는 확률값이다.

물리계를 아주 많은 알갱이의 모임으로 여기는 이야기로 다시 돌아가겠다. 물리계를 이루는 한 알갱이를 아주 작은 물리계 A로 여기고 나머지 알갱이들 전체를 물리계 A와 열 접촉하는 물리계 B로 여길 수 있다. 한 알갱이가 에너지 E_j를 가질 확률 p_j는

$$(5)\ p_j = \frac{e^{-E_j/kT}}{Z}$$

다. 전체 물리계를 이루는 각 알갱이는 식 (5)의 p_j를 만족한다. 알갱이의 에너지 E_j가 식 (5)처럼 분포될 때 깁스 엔트로피는 최대화된다. 최대화된 깁스 엔트로피는 물리계가 평행 상태에 이르렀을 때의 통계 엔트로피다. 결국 식 (5)는 평형 상태에서 우리가 경험할 알갱이들의 에너지 분포다. 물론 이 에너지 분포는 식 (1)을 만족하는 분포다.

이해하기 쉽도록 E_j들이 모두 양수라고 가정한다. 식 (5)의 모양을 살펴보건대 에너지 E_j가 낮을수록 확률 p_j가 높다. 각 알갱이는 대체로 에너지가 낮은 쪽으로 쏠리는 경향이 있다. 만일 특정 알갱이들이 매우 높은 에너지를 가지면 다른 알갱이들이 가질 수 있는 에너지의 다양성이 현격히 줄어든다. 이 때문에 매우 높은 에너지를 갖는 알갱이 수가 많아지면 가능한 미시상태의 수가 급격히 줄어든다. 따라서 가능한 미시상태의 수를 가장 높이는 길은 가장 낮은 에너지를 갖는 알갱이들이 제일 많고 그다음 에너지를 갖는 알갱이들이 그보다는 적도록 분포하는 길이다. 이 때문에 엔트로피를 최대화하는 에너지 분포가 식 (5)처럼 생기게 되었다.

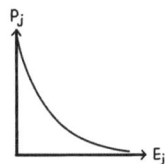

한편 낮은 온도에 견주어 높은 온도에서는 에너지가 높은 알갱이의 수가 대체로 늘어난다.

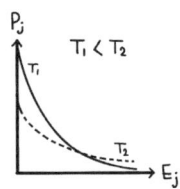

하지만 각 알갱이가 가질 수 있는 에너지값이 연속 값이면 식 (5)는 다른 수식으로 바뀌어야 한다. 에너지값이 연속 값이면 에너지가 무슨 값이든 확률값은 모두 0으로 떨어진다. 이 경우 확률보다는 확률 밀도를 이야기해야 한다. 에너지가 0으로 갈수록 확률 밀도는 0으로 떨어지고 특정 에너지값에서 확률 밀도는 최댓값을 갖는다. 그다음 에너지가 커질수록 확률 밀도는 다시 0으로 떨어진다. 보기를 들어 알갱이의 운동에너지는 연속 값을 갖는다. 알갱이들의 운동에너지 분포는 온도에 따라 다른 모습을 띤다. 세 가지 온도에 따른 각 알갱이의 운동에너지 분포는 대략 다음과 같다.

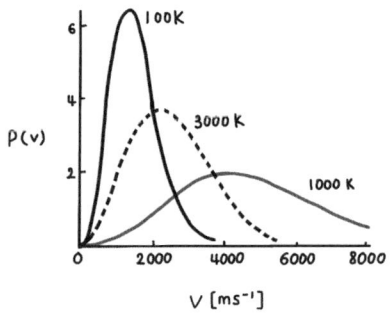

06장　　　　　　　　　　엔트로피 무물보

알갱이들은 늘 넓게 퍼지고 늘 섞이는가? 늘 그렇지는 않다. 열은 더 뜨거운 곳으로 흐를 수 있는가? 흐를 수 있다. 엔트로피 법칙은 엄밀 법칙인가? 아니다. 엔트로피는 온도보다 더 바탕 개념인가? 그렇다. 온도 개념은 다만 발견의 차원에서 엔트로피 개념의 바탕일 뿐이다. 엔트로피는 무질서도인가? 우리가 '질서'와 '무질서'를 어떻게 이해하느냐에 따라 그 답이 달라진다. 엔트로피는 시간 흐름을 낳는가? 엔트로피는 시간 흐름을 낳지 못하고 시간을 만들 수 없으며 시간을 정의할 수도 없다. 엔트로피는 우리 앎에 따라 달라지는가? 달라질 때도 있지만 그럴 때조차도 우리 앎은 엔트로피가 달라진 직접 원인이 아니다.

Q01. 알갱이들은 늘 넓게 퍼지고 늘 섞이는가?

알갱이 하나가 공간에 자유롭게 움직인다. 이 공간을 왼쪽 공간과 오른쪽 공간으로 똑같이 나눈다. 이 알갱이는 각 순간에 왼쪽에 있거나 오른쪽에 있다. 왼쪽에 머무는 시간과 오른쪽에 머무는 시간은 각각 절반이다. 이제 알갱이 두 개가 그 공간에서 움직인다면 어떻게 되는가? 절반 시간은 왼쪽과 오른쪽에 하나씩 머물고 나머지 절반은 둘 모두가 한쪽에 머문다. 처음에 알갱이가 10개면 어떻게 되는가? 10개 모두가 한쪽에 머무는 시간은 1/512이다. 반면 9개가 한꺼번에 한쪽에 머무는 시간은 10/512이고 8개가 한꺼번에 한쪽에 머무는 시간은 45/512다. 반면 오른쪽과 왼쪽에 5개씩 흩어진 시간은 126/512이다. 이처럼 알갱이가 많을수록 한곳에 모여 머무는 시간은 줄어든다.

    알갱이 수가 매우 많고 공간을 여러 곳으로 나누면 우리는 대체로 알갱이들이 여러 곳에 골고루 퍼진 것을 더 많이 더 오래 볼 것이다. 이것이 알갱이들이 넓게 퍼지고 섞이는 것을 우리가 더 많이 경험하는 까닭이다. 하지만 알갱이들이 한곳에 모일 확률이 지극히 낮을 뿐이지 0은 아니다. 이 때문에 알갱이들이 흩어진 것이 한곳으로 모이고 섞였던 것이 따로 갈라지는 일은 아주 어쩌다 드물게 일어날 수 있다. 다만 수백

억 수천억 년을 보내도 그것을 경험하지 못할 만큼 그 가능성은 지극히 낮다.

처음에 알갱이 10개가 왼쪽에 모두 모여 있었다면 어떻게 되는가? 알갱이 10개 가운데 한 개가 1/2의 가능성으로 1초 지난 뒤 자리를 옮긴다고 가정한다. 이 경우 1초 뒤에 왼쪽에 10개 모두가 그대로 남을 가능성은 1/2이다. 2초 뒤에 왼쪽에 10개 모두가 그대로 남을 가능성은 11/40이다.

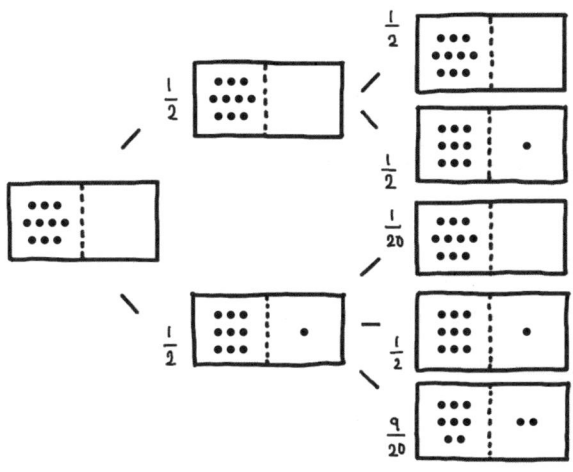

3초 뒤에 왼쪽에 10개 모두가 그대로 남을 가능성은 13/80이다. 이처럼 시간 흐름에 따라 왼쪽에 10개 모두가 그대로 남을 가능성은 차츰 작아진다. 알갱이들은 처음에 한곳에 모였더라도 시간이 흐르면 대체로 흩어진다. 하지만 알갱이들이 늘 더 넓게 퍼지고 늘 서로 섞이는 것은 아니다. 알갱이들이 서로 끌어당기거나 물리계 바깥에서 힘이 거세게 미친다면 알갱이들은 섞이고 퍼지기보다는 오히려 한군데로 쏠린다. 바깥에서 미치는 힘이 없지만 알갱이들이 처음부터 한군데 모두 멈춰 있었다면 그것들은 퍼지지 않으며 섞이지도 않는다.

Q02. 열은 더 뜨거운 곳으로 흐를 수 있는가?

한 공간 왼쪽에 100원짜리 동전이 10개 있고 오른쪽에 10원짜리 동전이 10개 있다. 전체 동전 가운데 한 개는 1초 지난 뒤 자리를 옮긴다. 곧 1초 뒤에 100원짜리 동전 하나가 오른쪽으로 옮길 확률은 1/2이고 10원짜리 동전 하나가 왼쪽으로 옮길 확률은 1/2이다. 2초 뒤에 10원짜리 하나와 100원짜리 하나가 자리를 바꿀 확률은 1/2이고, 100원짜리 두 개가 오른쪽으로 옮길 확률과 10원짜리 두 개가 왼쪽으로 옮길 확률은 각각 9/40이고, 동전들이 처음 그대로 있을 확률은 1/20이다. 시간이 지날수록 왼쪽 동전의 절반 정도는 오른쪽으로 옮기고 오

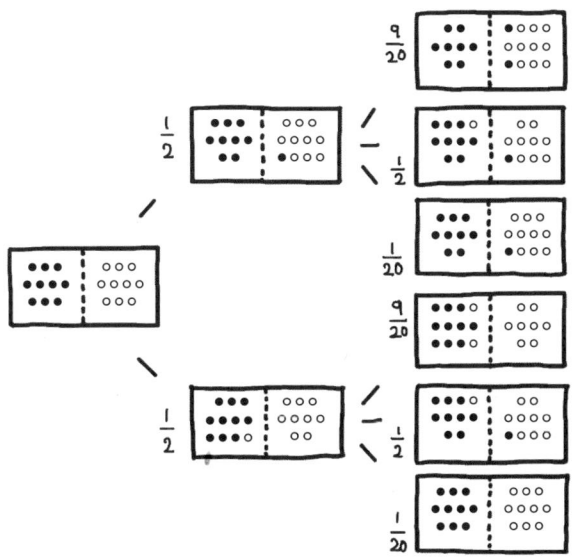

른쪽 동전의 절반 정도는 왼쪽으로 옮긴다. 알갱이 수가 많을수록 이 경향은 더욱 확연하다.

　동전의 평균 액면가를 온도로 여기고 전체 액면가를 내부에너지로 여기겠다. 오른쪽에 견주어 왼쪽 온도는 처음에 더 높았고 내부에너지도 더 높았다. 100원짜리 동전이 오른쪽으로 옮기는 일은 오른쪽의 평균 액면가를 높이고 10원짜리 동전이 왼쪽으로 옮기는 일은 왼쪽의 평균 액면가를 낮춘다. 시간이 지남에 따라 왼쪽의 내부에너지는 차츰 낮아지고 오른쪽의 내부에너지는 차츰 높아진다. 내부에너지가 낮아지는 일은 열이 다른 쪽으로 빠져나가는 것으로 여기고 내부에너지가 높아지는 일은 열이 자기 쪽으로 들어오는 것으로 여길 수 있다. 곧 시간 흐름에 따라 온도가 높은 쪽에서 온도가 낮은 쪽으로 열이 흐른 셈이다. 이로써 왼쪽 온도는 처음보다 낮아지고 오른쪽 온도는 높아지며 결국 왼쪽 온도와 오른쪽 온도는 차츰 같아진다.

오른쪽으로 건너간 100원짜리 동전이 시간이 지나면서 다시 왼쪽으로 하나둘 건너올 가능성은 0보다 크다. 이 경우 왼쪽의 온도는 다시 높아지는데 100원짜리 동전이 왼쪽으로 더 많이 건너오면 온도가 낮은 쪽에서 높은 쪽으로 열이 흐른 셈이다. 이처럼 열은 온도가 낮은 데서 높은 데로 흐를 수 있다. 따라서 "열은 더 뜨거운 곳으로 흐를 수 있는가?"의 답변은 "그렇다"다. 하지만 물리계를 이루는 알갱이가 많다면 알갱이들 몇몇이 한쪽으로 치우치더라도 물리계의 온도가 크게 바뀔 것 같지는 않다. 동전 10^{20}개가 공간에 흩어진다면 이들은 대체로 오른쪽과 왼쪽에 반반 흩어진다. 이들 전체 동전 가운데 1억 분의 1이 한쪽으로 치우친다면 온도 변화는 얼마큼 될까? 그 변화는 극히 미미할 것이다. 10^{20}개 알갱이 가운데 10^{12}개가 한쪽으로 치우칠 가능성은 0보다 크지만 그 일이 일어나더라도 우리는 이에 따른 온도 변화를 감지할 수 없다.

동전 개수가 10^{20}개면 표준편차는 10^{10}의 절반인데 10^{12}개는 표준편차의 20배다.

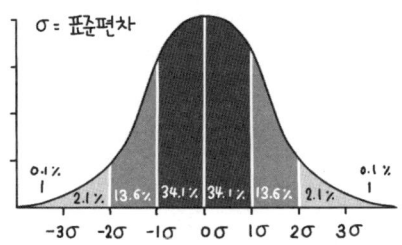

정규 분포에서 표준편차보다 더 많이 벗어날 확률은 약 0.317이다. 표준편차의 2배보다 더 많이 벗어날 확률은 약 0.0455이고 3배보다 더 많이 벗어날 확률은 약 0.0027이다. 정규 분포에서 표준편차의 20배보다 더 많이 벗어날 확률은 약 10^{-88}이다. 물리계를 이루는 알갱이 10^{20}개 가운데서 1억 분의 1 이상 알갱이들이 한쪽에 더 많이 치우칠 확률은 고작 10^{-88}이다. 우주 전체 나이는 많이 잡아 10^{18}초이니 확률이 10^{-88}인 사건이 벌어지는 시간은 우리 우주의 전체 역사에서 고작 10^{-70}초 정도다. 1초에 한 사건이 벌어진다면 해당 물리계를 우리 우주 안에 10^{70}개 정도 마련해야 우리 우주 전체 역사에서 그 일이 한 번 정도 일어난다. 우리 우주 안에 대략 10^{82}개 정도의 원자가 있다. 10^{20}개 원자로 이뤄진 물리계 10^{70}개를 만들려면 우리 우주 정도의 우주가 10^8개가 더 있어야 한다. 우리가 측정할 수 있을 만큼의 열이 온도가 더 낮은 곳에서 더 높은 곳으로 흐를 가능성은 이처럼 지극히 낮다. 결국 우리 경험의 한계 안에서 열은 거의 늘 더 따뜻한 곳에서 더 차가운 곳으로 흐른다.

Q03. 엔트로피 법칙은 엄밀 법칙인가?

한 거시 상태의 엔트로피는 그 상태에 해당하는 미시 상태들의 수에 따라 결정된다. 한 거시 상태의 엔트로피가 높을수록 그 거시 상태에 해당하는 미시 상태들의 수는 많다. 거시 상태에 해당하는 미시 상태들의 수가 많을수록 물리계가 그 거시 상태에 있을 가능성은 크다. 따라서 한 거시 상태의 엔트로피가 클수록 물리계가 그 거시 상태에 있을 가능성은 크다. 물리계가 특정 상태에 머무는 시간은 물리계가 그 상태에 있을 가능성에 비례한다. 이 때문에 우리는 물리계가 엔트로피가 가장 높은 상태에 머무는 것을 주로 경험한다. 이것이 "물리계의 엔트로피는 줄어들지 않는다"가 뜻하는 바다. 하지만 순전히 확률 관점에서 볼 때 외떨어진 물리계의 엔트로피가 줄어들 가능성이 아예 없지는 않다. 다만 우주의 전체 시간을 써도 우리가 경험하지 못할 만큼 그 가능성이 지극히 낮을 뿐이다.

상태1의 가능한 미시 상태들의 수는 W_1이고 상태2의 가능한 미시 상태들의 수는 W_2인데 W_1보다 W_2가 훨씬 크다고 가정하겠다. 이 경우 상태1의 엔트로피 $k\ln W_1$보다 상태2의 엔트로피 $k\ln W_2$가 훨씬 크다. 또한 물리계가 각 미시 상태에 있을 가능성이 똑같다면 물리계가 상태1에 있을 가능성보다는 상태2에 있을 가능성이 훨씬 크다. 이 때문에 물리계의 엔트로피가 처음에 $k\ln W_1$에서 $k\ln W_2$로 커지는 변화는 쉽게 일어나지만 처음에 $k\ln W_2$에서 $k\ln W_1$로 작아지는 변화는 쉽게 일어나지 않는다. 하지만 상태2에서 상태1로 바뀔 가능성은 있고 엔트로피가 $k\ln W_2$에서 $k\ln W_1$로 줄어들 가능성은 있다. 곧 외떨어진 물리계의 엔트로피가 저절로 줄어들 가능성은 있다. 따라서 엔트로피 법칙이 "고립계의 엔트로피는 줄어들지 않는다"면 이 법칙은 엄밀 법칙이 아니다. 하지만 엔트로피 법칙이 "고립계의 엔트로피가 줄어들 가능성은 지극히 낮다"면 이 법칙은 엄밀 법칙이다.

아주 가끔 또는 아주 짧은 시간 동안 열역학 제2법칙에서 벗어난 현상이 일어날 수 있다. 하지만 알갱이들이 많거나 미시 상태들의 수가 크다면 그 가능성은 매우 낮다. 물리계가 알갱이 100개로 이뤄졌고 각 알갱이가 두 가지 상태만 갖는다면 이 물리계의 전체 가능한 미시 상태들의 수는 적어도 2^{100} 또는 10^{30} 정도다. 물 300그램은 대략 물 분자 10^{25}개로 이뤄졌다. 물리계를 이루는 알갱이가 10^{25}개고 각 알갱이가 두 가지 상태만 갖는다면 전체 가능한 미시 상태들의 수는 10의 10^{22}승 정도다. 이 수는 1 뒤에 0을 10^{22}개를 써야 할 만큼 큰 수다. 물론 알갱이 하나가 가질 수 있는 상태는 단순히 2개가 아니라 이것 자체가 아주 큰 수다. 미시 상태들의 수는 대체로 엄청나게 큰 수다. 이 때문에 엔트로피가 줄어드는 거시 현상이 일어날 가능성은 지극히 낮다.

나아가 시간 흐름을 넣으면 가능한 미시 상태들의 수가 더 적은 거시 상태 쪽으로 물리계가 바뀌는 사건이 얼마나 어려운지 잘 드러난다. 상태1부터 상태10까지를 생각한다. 이들 상태에 해당하는 미시 상태의 수 W값들은 상태에 따라 10배씩 증가한다고 가정한다. 말하자면 W_1은 1이고, W_2는 10이고, W_{10}은 10^9이다. 단위를 생략하여 상태1의 엔트로피는 0이고, 상태2의 엔트로피는 1이고, 상태10의 엔트로피는 9다. 물리계가 각 미시 상태에 있을 가능성은 똑같다고 가정한다. 또한 물리계는 처음에 상태1에 있고 다음 1초에 가능한 변화는 상태1

또는 상태2라 가정한다. 1초 뒤 상태1에 머물 가능성은 1/11이고 상태2로 바뀔 가능성은 10/11이다. 상태2로 바뀌었다면 다음 1초에 가능한 변화는 상태1, 상태2, 상태3이다. 이 경우 상태2에 있던 것이 상태1로 바뀔 가능성은 1/111이고, 상태2에 그대로 머물 가능성은 10/111이고, 상태3으로 바뀔 가능성은 100/111이다. 한편 상태3으로 바뀌었다면 다음 1초에 가능한 변화는 상태2, 상태3, 상태4다. 이 경우 상태3에 있던 것이 상태2로 바뀔 가능성은 10/1110이고, 상태3에 그대로 머물 가능성은 100/1110이고, 상태4로 바뀔 가능성은 1000/1110이다. 이 경우 오랜 시간이 흐른 뒤에 물리계는 어느 상태에 있겠는가? 처음에 엔트로피가 0이었지만 시간이 많이 흐르면 저절로 물리계의 엔트로피는 9에 이를 것이다. 물론 상태10에서 상태9로 바뀔 가능성이 있고 상태9에서 상태8로 다시 상태7로 바뀔 가능성은 있다. 하지만 오랜 시간이 흐른 뒤 물리계가 상태1에 있을 가능성은 지극히 낮다. 한 상태와 다음 상태 사이의 W 비율이 단순히 10이 아니라 10^{10}이면 거의 확실히 물리계는 언젠가 W가 가장 높은 상태에 이를 것이다.

    몇몇 물리학자는 물리 법칙들 가운데 엔트로피 법칙이 가장 바탕이 된다고 말들 한다. 하지만 엔트로피를 셈할 때 에너지나 물리계가 받는 힘을 고려해야 한다는 사실은 물리 변화를 설명하는 데 역학 법칙이 중요하다는 점을 말해준다. 비중이 다른 액체는 대체로 뒤섞이지 않은 상태에서 평형을 이룬다. 이는 뒤섞이지 않은 상태의 엔트로피가 뒤섞인 상태의 엔트로피보다 더 크기 때문에 생긴 일이 아니다. 지구가 액체 알갱이에게 힘을 미치기 때문에 무거운 액체는 가벼운 액체 아래로 가라앉는다. 우박이 지표면에 모인 상태의 엔트로피보다 우박이 대기 공간에 골고루 퍼진 상태의 엔트로피가 더 높다. 하지만 역학 법칙에 따라 우박이 아래로 떨어지는 것이 예측된다면 물리 현상은 엔트로피 증가 법칙을 따르지 않고 역학 법칙을 따른다. 우리가 역학 법칙을 아예 모른 채 엔트로피를 셈했다면 엔트로피 법칙은 우박이 지표면으로 떨어지는 현상을 이해하는 데 도움이 되지 않는다. 대기에서 우박이 형성되는 일에 엔트로피가 크게 이바지하지만 이 일조차도 에너지를 고려하지 않는다면 설명될 수 없다.

Q04. 엔트로피는 온도보다 더 바탕 개념인가?

우리는 몸 온도를 일정하게 유지함으로써 살아간다. 우리가 어렴풋하게나마 바깥 온도를 느낄 수 없다면 우리는 살아남기 어렵다. 살아남으려고 우리 살갗과 몸은 어느 정도 온도를 감지하는 측정 장치여야 했다. 사람은 엔트로피 개념을 떠올리기 전에 이미 온도 개념과 열 개념을 어렴풋이 떠올렸다. 이를 떠올린 뒤 한참 지나고 온도가 낮은 데서 높은 데로 열이 흐르는 현상을 설명하려고 엔트로피 개념을 떠올렸다. 온도와 열 개념의 바탕 위에서 엔트로피 개념으로 나아갔다는 점에서 온도 개념은 엔트로피 개념보다 더 앞섰다. 하지만 온도 개념은 다만 발견의 차원에서 엔트로피 개념의 바탕일 뿐이다. 개념의 이해 차원에서는 오히려 엔트로피 개념이 온도 개념의 바탕이다. 온도를 제대로 이해하려면 엔트로피를 먼저 이해해야 한다.

열 접촉하는 두 물리계는 열평형 관계에 이를 때까지 서로 열을 주고받으며 내부에너지를 적절히 분배한다. 미시 상태와 확률 관점에서 말하면 두 물리계는 각 물리계의 가능한 미시 상태들 수를 서로 곱한 값이 최대가 되는 상태에 이른다. 이 상태는 각 물리계의 엔트로피를 서로 합한 값이 최대가 되는 때다. 이때는 한쪽에서 다른 쪽으로 에너지가 약간이라도 흐르면 각 물리계의 엔트로피를 서로 합한 값은 줄어든다. 따라서 두 물리계가 열평형에 이르는 때는 각 물리계의 에너지에 따른 엔트로피 변화율 $\Delta S/\Delta U$가 서로 같아지는 때다. 또는 각 물리계의 엔트로피에 따른 내부에너지 변화율 $\Delta U/\Delta S$가 서로 같아지는 때다. 또한 이때는 두 물리계의 온도가 같아지는 때다. 엔트로피에 따른 내부에너지 변화율 $\Delta U/\Delta S$를 온도로 정의하면 온도가 두 물리계가 열평형 관계에 이르렀을 때 같아지는 물리량임을 또렷이 드러낼 수 있다.

열 곧 에너지가 왜 온도가 낮은 데서 높은 데로 흐르지 않는지를 엔트로피 개념에 바탕을 두고 설명할 수 있다. 물리계 A는 물리계 B보다 온도가 더 낮다. 이는 물리계 A에서 에너지에 따른 엔트로피 증가 $\Delta S/\Delta U$가 물리계 B에서 에너지에 따른 엔트로피 증가보다 더 크다는 것을 뜻한다. 이 때문에 물리계 B에서 물리계 A로 에너지가 흘러갔을 때 전체 엔트로피 증가는 물리계 A에서 물리계 B로 에너지가 흘러갔을 때 전체 엔트로피 증가보다 더 크다. 엔트로피 증가는 그 변화의 일어남직함이 더 커짐을 뜻한다. 결국 물리계 A에서 물리계 B로 에너지가 흐르는 변화보다는 물리계 B에서 물리계 A로 에너지가 흐르는 변화가 훨씬 더 일어남직하다. 따라서 물리계 A가 물리계 B보다 온도가 더 낮다면 에너지는 물리계 B에서 물리계 A로 흐를 가능성이 훨씬 크다.

Q05. 엔트로피는 무질서도인가?

많은 이들이 엔트로피의 증가를 무질서의 증가 또는 질서의 파괴로 이해한다. 이 이해가 옳은지 그른지는 우리가 '질서'와 '무질서'를 어떻게 이해하느냐에 달려 있다. 사물들이 특정 위치 특정 방향 특정 속도로 치우치지 않고 대칭을 이루며 펼쳐진 것을 우리는 "고르다"고 한다. 몇몇 사람은 이렇게 '고르게' 펼쳐진 것을 질서로 여길지 모르겠다. 이런 식으로 대칭을 이루며 고르게 펼쳐진 상태는 한쪽으로 치우친 상태보다 엔트로피가 더 높다. 만일 대칭을 이루며 고르게 펼쳐진 것을 질서로 여기면 이런 질서의 형성은 엔트로피의 증가를 낳는다. 반면 '뒤죽박죽' 뒤섞인 상태는 우리에게 보통 무질서한 상태다. 몇몇 뒤섞임은 엔트로피 증가를 낳지 않지만 기체의 경우 뒤섞이고 '무질서한' 운동은 대체로 엔트로피가 높은 상태다. 이 점에서 헤르만 폰 헬름홀츠는 1882년 논문에서 "엔트로피의 크기는 무질서의 척도로 특징지을 수도 있다"고 주장했다.

뒤섞임은 위치의 다양성을 늘리는 일이다. 에너지 상태든 위치 상태든 미시 상태의 다양성이 늘어나는 일은 대체로 뒤섞임을 낳고 무질서를 낳는다. 알갱이들이 비슷한 방향으로 움직이는 일이 질서고 제각기 다른 방향으로 움직이는 일이 무질서면 엔트로피의 증가는 무질서의 증가다. 알갱이들의 운동에너지가 비슷한 것이 질서고 제각기 다른 운동에너지를 갖는 것이 무질서면 엔트로피의 증가는 무질서의 증가다. 알갱이들이 한곳에 모이는 일이 질서고 더 넓게 퍼지는 일이 무질서면 엔트로피의 증가는 무질서의 증가다. 갈래가 다른 알갱이들이 따로 갈라지는 일이 질서고 이들이 마구 뒤섞이는 일이 무질서면 엔트로피의 증가는 무질서의 증가다.

질서 상태는 사물이 마땅히 놓여야 할 곳에 제대로 놓이는 상태다. 이 점에서 '질서'는 정리되고 정돈된 상태다. 우리는 있는 그대로의 자연 모습을 질서로 여기곤 한다. 하지만 엄밀히 말해 자연은 본디 정리되지 않았고 정돈되지 않았다. 다만 우리 마음이 특별한 자연 상태를 정리되고 정돈된 상태로 여길 수는 있다. '사물이 마땅히 놓여야 할 곳'은 마음이 정한다. 우리가 마음을 써서 사물들을 애써 차례대로 순서지을 때 질서가 생겨난다. 이런 의미에서 질서지우는 일은 엔트로피를 줄이는 일이다. 애써 질서지우는 일을 착한 일로 여긴다면 엔트로피를 애써 줄이는 일은 착한 일로 여길 수 있다.

모든 자연 과정은 고의로 생긴 변화가 아니며 의도 있는 변화가 아니다. 마찬가지로 자연에서 저절로 일어나는 엔트로피 증가는 의도 행위가 아니다. 이 때문에 엔트로피 증가는 도덕 판단의 대상일 수 없다. 엔트로피가 늘어나는 일은 못된 짓이고 엔트로피가 줄어드는 일은 착한 짓이라 생각할 필요가 없다. 다만 엔트로피가 늘어나는 만큼 쓸모 있는 에너지가 줄어들기에 우리가 고의로 엔트로피를 너무 많이 늘리는 짓은 못된 짓일 수 있다. 까닭 없이 쓸모 있는 에너지를 억지로 너무 많이 줄이는 짓이 나쁘다면 고의로 엔트로피를 너무 많이 늘리는 짓은 나쁘다.

Q06. 엔트로피는 시간 흐름을 낳는가?

엔트로피는 느리게 늘어날 수 있고 빠르게 늘어날 수 있다. 이 때문에 엔트로피가 많이 늘어나더라도 시간은 적게 흘렀을 수 있고 엔트로피가 조금 늘어나더라도 시간은 많이 흘렀을 수 있다. 다만 고립계의 엔트로피는 거의 대체로 감소하지 않고 증가하기에 우리는 엔트로피의 증감을 바탕으로 시간 흐름의 방향을 감지할 수 있다. 이 점에서 엔트로피 증가 현상은 시간 흐름을 감지하도록 돕는다. 하지만 시간 흐름을 감지하도록 돕는 물리 현상이 시간 흐름을 낳는 것은 아니다. 더욱이 평형 상태에서 엔트로피는 더 늘어나지 않지만 시간은 줄곧 흘러간다. 이는 엔트로피 증가가 시간 흐름을 일으키지 않음을 뜻한다. 엔트로피는 시간 흐름을 낳지 못하고 시간을 만들 수 없으며 시간을 정의할 수도 없다.

사건 A와 사건 B 가운데 한 사건이 벌어지는데 사건 B의 일어남직함은 사건 A의 일어남직함보다 훨씬 크다고 가정한다. 이 경우 우리는 사건 계열 B-A보다는 사건 계열 A-B를 경험할 가능성이 크다. 우리는 대체로 사건 A 다음에 사건 B를 경험하는데 여기 나오는 "다음에"가 우리의 시간 흐름 경험으로 습관화된다. 엔트로피가 높은 상태일수록 그 상태가 일어날 가능성이 더 크다. 이 때문에 엔트로피가 낮은 상태에서 높은 상태로 바뀌는 현상은 시간 흐름을 감지하도록 돕는다. 하지만 '일어남직함이 작은 사건 다음에 일어남직함이 큰 사건의 일어남'은 시간을 만들지 못하며 시간 흐름을 일으키지 못한다. 왜냐하면 사건 B의 일어남직함이 사건 A의 일어남직함보다 훨씬 크더라도 사건 B 다음에 사건 A가 일어날 수 있기 때문이다. 마찬가지로 지극히 작은 가능성이지만 고립계의 엔트로피가 줄어들 수 있다. 이 때문에 엄밀히 말해 엔트로피 증가가 시간 흐름의 방향인 것도 아니다.

사건 B의 일어남직함이 사건 A의 일어남직함보다 무시무시하게 크다면 사건 A에서 사건 B로 가기는 매우 쉽지만 사건 B에서 사건 A로 가기는 몹시 어렵다. 사건 계열 A-B는 비가역 과정 곧 못되짚기 과정이다. 하지만 못되짚기 과정은 시간 흐름을 일으키고 되짚기 과정은 시간 흐름을 일으키지 않는다고 생각해서는 안 된다. 사건 A 다음에 사건 B가 일어나든 사건 B 다음에 사건 A가 일어나든 거기에 시간 흐름은 있다. 못되짚기 과정뿐만 아니라 되짚기 과정도 시간 흐름에 따라 진행된다. 시간 개념을 못되짚기 개념이나 엔트로피 개념으로 해명하려는 시도가 장차 무슨 성과를 남길지 가늠하기 어렵다.

Q07. 엔트로피는 왜 정보와 관련되는가?

흔히 엔트로피는 불확실성의 척도로 이해된다. 불확실성은 탐구 주체나 추론 주체가 갖는 '주관 불확실성'이다. 주관 불확실성은 개인 불확실성이거나 정보 불확실성이다. 특정 개인이 정보를 제대로 파악하지 못하거나 정보를 잘못 판단할 때 개인 불확실성이 생긴다. 반면 가능한 정보를 제대로 파악했더라도 때때로 우리는 대상의 상태를 규정지을 수 없다. 이 경우 정보 불확실성이 생긴다. 객관 학문으로서 통계역학은 정보 불확실성의 한계 안에서 물리계를 탐구한다. 하지만 실제 탐구에서 개인 불확실성과 정보 불확실성을 구별하기는 쉽지 않다. 현재의 통계역학이 객관성을 갖는다면 이를 바탕으로 셈한 엔트로피는 정보 불확실성의 척도일 수 있다.

깁스 엔트로피 또는 정보 엔트로피를 최대화할 때 볼츠만 엔트로피가 유도된다. 정보 엔트로피를 최대화하는 기법은 우리가 가진 정보 또는 우리의 무지를 최대한 잘 반영하여 엔트로피를 셈하는 기법이다. 최선의 물리 이론을 써도 물리계가 무슨 미시 상태에 있는지를 아예 모른다면 우리는 특정 미시 상태에 치우쳐 엔트로피를 셈해서는 안 된다. 이 경우 우리는 물리계가 각 미시 상태에 있을 가능성이 모두 똑같다고 믿어야 한다. 볼츠만 엔트로피 $k \ln W$는 미시 상태에 관한 우리의 정보, 우리의 무지, 우리의 불확실성을 최대한 반영하여 얻은 엔트로피다.

하지만 객관 물리량으로서 엔트로피는 우리가 가진 정보와 무관한 것으로 이해되어야 한다. 물리계가 처한 물리 조건에 관한 정보를 우리가 갖든 갖지 않든 미시 상태들의 수 W는 그 물리계가 처한 조건에 따라 정해진다. 다만 우리가 가진 정보는 물리계의 엔트로피를 실제 값에 더 가깝게 셈하도록 돕는다. 실제 물리 조건에 관한 정보를 우리가 제대로 가졌다면 우리는 W를 제대로 셈할 수 있고 이에 따라 엔트로피를 실제 값에 가깝게 셈할 수 있다. 당연히 우리가 가진 정보는 우리의 엔트로피 셈을 바꿀 수 있다. 하지만 이것은 우리의 정보 때문에 실제 엔트로피가 줄어들거나 늘어나게 됨을 뜻하지 않는다.

정보 불확실성이 있더라도 실제 물리계가 불확정성을 갖는 것은 아니다. 하지만 양자역학에 따르면 물질은 불확정 상태를 지니는 것처럼 보인다. 만일 실제 물리계 자체가 불확정성을 갖는다면 불확정성은 주관 불확실성과 구별되어야 한다. 이 불확정성은 객관 불확정성이고 존재 불확정성이다. 이른바 '양자 통계역학'은 물질의 불확정 상태를 다루는 통계역학인데 이 통계역학은 단순히 추론의 도구를 넘어선다. 이 경우 통계역학은 물질의 실제 상태를 기술하는 그림이기도 하다. 현재의 양자 통계역학이 얼마나 정교한 그림이냐를 판단하기에 앞서 여하튼 이 이론은 실제 물리 세계의 그림 또는 물리 세계의 기술로 여겨야 한다. 이 점에서 양자 엔트로피는 물리계의 불확정성을 가늠하는 척도일 수 있다.

Q08. 엔트로피는 우리 앎에 따라 달라지는가?

볼츠만 엔트로피 $k\ln W$에서 W는 특정 거시 상태에 해당하는 미시 상태들의 수다. 물리계가 현재 특정 미시 상태에 있음을 우리가 지금 알더라도 W 자체는 달라지지 않는다. 우리가 그 앎을 새로 얻었더라도 볼츠만 엔트로피는 여전히 $k\ln W$다. 우리가 그다음 순간에 물리계가 무슨 미시 상태에 있을지 알더라도 특정 거시 상태에 해당하는 미시 상태들의 수 W는 바뀌지 않는다. 이 경우에도 볼츠만 엔트로피는 여전히 $k\ln W$다. 따라서 모든 순간 물리계가 무슨 미시 상태에 있을지 우리가 완벽하게 알더라도 한 거시 상태의 엔트로피는 여전히 $k\ln W$다.

물리계는 J가지 거시 상태들 가운데 하나에 있지만 물리계가 어느 거시 상태에 있는지 우리는 모를 수 있다. 한 거시 상태 E_r에 해당하는 미시 상태들의 수가 W_r이면 이 거시 상태에서 엔트로피는 $k\ln W_r$이다. 물리계가 각 미시 상태에 있을 확률이 똑같다고 가정하면 우리는 그 물리계가 거시 상태 E_r들 가운데 $k\ln W_r$이 가장 큰 상태에 있거나 그 상태로 바뀌리라 예측한다. 이처럼 특정 거시 상태의 엔트로피는 물리계가 어느 거시 상태로 바뀔지 예측하도록 돕는다. 하지만 물리계가 무슨 미시 상태로 바뀔지 우리가 안다면 거시 상태의 엔트로피 $k\ln W_r$은 물리계의 변화를 알려주는 데 거의 도움이 되지 않는다.

지금 비가 오는 것을 우리가 안다면 지금 길바닥은 물에 젖는다. 하지만 길바닥이 물에 젖은 원인은 비가 내렸기 때문이지 비가 내린다는 것을 우리가 알았기 때문이 아니다. 이는 엔트로피에 대해서도 똑같이 말할 수 있다. 잉크의 비중이 물보다 크고 중력이 매우 크다는 것을 우리가 안다면 잉크는 물 전체에 퍼지지 않고 아래로 가라앉는다. 잉크의 비중이 물보다 크고 중력이 매우 크지만 만일 우리가 이를 모른다면 잉크는 물 전체에 퍼지는가? 당연히 아니다. 우리가 그것을 모르더라도 잉크는 아래로 가라앉는다. 잉크가 아래로 가라앉는 원인은 우리의 앎 때문도 모름 때문도 아니다.

물리계가 거시 상태 A에 있다고 믿었지만 물리계가 거시 상태 B에 있음을 우리가 지금 안다면 물리계는 지금 거시 상태 B에 있다. 물리계가 거시 상태 B에 있기에 물리계는 이 거시 상태에 해당하는 엔트로피를 갖는다. 물리계가 열 접촉하지만 온도가 고정되었다면 우리는 물리계가 놓인 상태의 확률을 대략 가늠할 수 있고 이 확률을 써서 이 물리계의 엔트로피를 셈할 수 있다. 이처럼 물리계가 놓인 조건을 우리가 더 잘 알수록 엔트로피와 그 변화를 더 잘 예측할 수 있다. 이를 두고 우리의 앎이 엔트로피의 변화를 야기한다고 말해서는 안 된다. "엔트로피는 우리 앎에 따라 달라지는가?"의 답변은 "달라질 때도 있다"다. 하지만 그럴 때조차도 엔트로피가 달라진 직접 원인은 우리 앎이 아니다.

참고문헌

열역학과 통계역학의 역사는 다음 책의 도움을 받았다.

- 장하석 2013, 『온도계의 철학: 측정 그리고 과학의 진보』, 오철우 옮김, 동아시아
- R. S. Berry 2021, 『열역학: 열과 일, 에너지와 엔트로피의 과학』, 신석민 옮김, 김영사
- P. Sen 2021, 『아인슈타인의 냉장고: 뜨거운 것과 차가운 것의 차이로 우주를 설명하다』, 박병철 옮김, 매일경제신문사
- H. C. von Baeyer 2006, 『맥스웰의 도깨비가 알려주는 열과 시간의 비밀』, 권영욱 옮김, 성균관대학교출판부

열역학과 통계역학의 기본 개념과 이론은 다음 책을 참조했다.

- 곽영직 2021, 『열과 엔트로피는 처음이지?』, 북멘토
- 조강래 2014, 『엔트로피가 우리에게 알리는 진실: 에너지, 효율, 확률, 정보 및 우리의 삶』, 자유아카데미
- 이재우 2021, 『통계열역학』, 교문사
- S. J. Blundell & K. M. Blundell 2014, 『열 물리학』, 이재우·강지훈·김동현·심경무·장영록·한용진 옮김, 한티미디어
- Y. A. Çengel, M. A. Boles, M. Kanoğlu 2021, 『열역학』, 부준홍 등 옮김, 맥그로힐에듀케이션코리아

- R. J. Hardy & C. Binek 2016, 『열 및 통계역학』, 김범준·김영태·심경무·이지우·장영록 옮김, 자유아카데미
- F. Rief 1965, *Fundamentals of Statistical and Thermal Physics*, McGraw-Hill
- M. W. Zemansky & R. Dittman 1996, *Heat and Thermodynamics*, McGraw-Hill

엔트로피와 다른 개념들 사이의 관련성은 다음 책과 글에서 도움을 받았다.

- 장회익 2019, 『장회익의 자연철학 강의』 제5장, 추수밭
- 최무영 2015, 「물질과 정보」, 『양자·정보·생명』, 장회익 등, 한울아카데미 2015.
- 최무영 2019, 『최무영 교수의 물리학 강의』 제5부, 책갈피
- D. Styer 2019, "Entropy as Disorder: History of a Misconception", *The Physics Teacher* 57, 454. 최우석 옮김, 「엔트로피는 무질서라는 오개념의 역사」, https://greenacademy.re.kr/archives/9837

그밖에 녹색아카데미와 위키백과의 여러 글을 참조했다. 이들 저자와 번역자께 감사드린다.

글쓴이 김명석은

물리학과 수학과 철학을 공부했습니다. 철학박사를 받은 다음 경북대 기초과학연구소 연구초빙교수, 대통령 직속 중앙인사위원회 PSAT 전문관, 국민대학교 교수로 연구하고 일하고 가르쳤습니다. 현재 학아재 학장이며 이화여자대학교 연구교수입니다. 여태 쓴 논문으로는 「심적 차이는 역사적 차이」, 「인식론에서 타자의 중요성」, "Ontological Interpretation with Contextualism of Accidentals", 「자연의 원리: 측정과 자연현상」 따위가 있습니다. 「존재에서 사유까지: 타자, 광장, 신체, 역사」로 2003년 만포학술상을 받았고, 「나, 지금, 여기의 믿음직함」으로 2018년 한국과학철학회 논문상을 받았습니다. 쓴 책으로는 『두뇌보완계획 100』, 『두뇌보완계획 200』, 『과학 방법』, 『예수 텍스트』 따위가 있습니다. 후기분석철학의 인식론과 언어철학, 언어와 사고의 기원, 의미의 형이상학, 뜻 믿음 바람 행위의 종합이론, 학문의 우리말 토착화, 양자역학의 존재론 해석, 측정과 물리 현상, 해석과 마음 현상, 믿음의 철학 따위를 주로 공부합니다.
myeongseok@gmail.com

이 책은 학아재를

키우는 데 이바지합니다. 학아재는 배우고자 하는 사람들이 연구하면서 일하는 대안회사며, 대안대학원이며, 대안연구소입니다. 학아재는 슬기로움을 사랑하는 이들을 위한 카페며, 서점이며, 스튜디오며, 독서실이며, 도서관이며, 서당이며, 서원이며, 교회입니다. 이 책을 읽고 널리 퍼뜨리는 일은 학아재를 키우는 밑거름입니다.

엔트로피

초판 1쇄 발행 2024년 1월 24일

지은이	김명석
펴낸이	김로이
편집기획	유영훈
디자인	안박스튜디오
그림	안미경

펴낸곳	학아재
주소	서울시 종로구 필운대로5나길 25, 2층
전화	02-766-7647
ISBN	979-11-963895-5-0(93400)

SNS ⓘ	@hagajae
전자우편	martin@hagajae.com

출판등록   제2015-000191호

© 김명석 2024